传输过程数值模拟可视化编程开发

基于 HTML5 技术

王斌武　宋小鹏　吴国珊　著

北　京

冶 金 工 业 出 版 社

2018

内 容 提 要

本书主要介绍了使用 HTML5/JavaScript 编程实现传输现象数值模拟程序的开发，旨在帮助读者快速开发可视化的仿真程序。本书简要介绍了有限体积法和有限单元法等计算方法，内容涵盖了仿真程序的几乎全部流程，包括前处理（主要为简单用户界面设计和网格剖分）、计算（扩散方程与对流—扩散方程的离散、有限元系数矩阵计算、方程组求解）和后处理（图、表、Contour 图等后处理图像绘制）；介绍了后处理图形图像绘制、基于 Delaunay 三角化算法的网格剖分、常规温度场、包含相变过程的温度场、简单稳态不可压缩流体流动的理论基础和程序实现。

本书可作为冶金、材料、热能等相关专业教材及参考书，也可供从事传输过程数值模拟的科技工作者参考。

图书在版编目(CIP)数据

传输过程数值模拟可视化编程开发：基于 HTML5 技术/王斌武，宋小鹏，吴国珊著 . —北京：冶金工业出版社，2018. 5

ISBN 978-7-5024-7742-4

Ⅰ.①传… Ⅱ.①王… ②宋… ③吴… Ⅲ.①传输—数值模拟—可视化仿真—程序设计 Ⅳ.①TP391.92

中国版本图书馆 CIP 数据核字(2018)第 045556 号

出 版 人 谭学余
地　　址 北京市东城区嵩祝院北巷 39 号　邮编　100009　电话　(010)64027926
网　　址 www. cnmip. com. cn　电子信箱　yjcbs@ cnmip. com. cn
责任编辑 曾 媛　美术编辑 吕欣童　版式设计 孙跃红
责任校对 石 静 责任印制 牛晓波

ISBN 978-7-5024-7742-4

冶金工业出版社出版发行；各地新华书店经销；三河市双峰印刷装订有限公司印刷
2018 年 5 月第 1 版，2018 年 5 月第 1 次印刷

169mm×239mm；12.75 印张；249 千字；196 页

68. 00 元

冶金工业出版社　投稿电话　(010)64027932　投稿信箱　tougao@cnmip. com. cn
冶金工业出版社营销中心　电话　(010)64044283　传真　(010)64027893
冶金书店　地址　北京市东四西大街 46 号(100010)　电话　(010)65289081(兼传真)
冶金工业出版社天猫旗舰店　yjgycbs. tmall. com
(本书如有印装质量问题，本社营销中心负责退换)

前　言

由于一个项目的需要，笔者开始接触计算流体力学（CFD）模拟商业软件，经过一段时间的学习和使用，以为熟悉一个商业软件的操作也就理解计算流体力学。但实际上，仅仅会操作一款CFD软件，而不明白其所包含的原理与算法，离入门可能仍然有很远的距离。当笔者熟练操作商业软件，可对流体流动进行建模、设置、计算及分析时，也意识到庞大的商业软件程序包也可能对一个一维简单扩散传输方程束手无策，但一个数十行的C/C++代码却能完美解决问题。这样的差异源于对CFD理论知识的认知不足，笔者查阅了许多关于传输过程数值模拟程序开发计算的书籍，开始用C/C++编写一些简单的传输过程数值模拟程序。在辅导学生做关于数值模拟的毕业设计（论文）时，发现部分学生对编程存在着一种恐惧心理，他们反映程序的设计与编制工作很困难。而在笔者学习过程中，专门针对有限体积法的流动/传热计算程序设计的相关书籍少之又少，如果将最简单、最基础的流动/传热的程序呈现给读者，让读者在自行编写数值模拟程序时有所参考、有所比较，势必会对传输原理有更好的理解。

经过几年对传输过程数值模拟程序开发的浅显思考，笔者试图将传输过程数值模拟程序运行于浏览器端，使得执行简单数值模拟程序完全像打开一个网页一样简单，于是就有了本书的梗概。

传输过程包含热量、动量和质量传输三部分，其数值模拟涉及最多的是扩散方程和对流—扩散方程。本书主要介绍了传输过程仿真程序开发相关的入门知识，旨在编写完整的、便于阅读的简单程序（包含前处理、计算和后处理）。其内容涵盖了 HTML5/JavaScript 程序开发、后处理之图形图像绘制、前处理之网格剖分、（非）线性方程组的求解、热传导过程温度场求解、相变过程传热计算、稳态不可压缩流体流动计算、三角单元有限元温度场计算理论等内容。

本书的章节是根据认知顺序以及难易程度由浅入深进行编排的，具体内容为：第 1 章概述传输过程数值模拟流程；第 2 章介绍本书所用的编程语言及后处理；第 3 章简要介绍网格剖分，网格是后续章节数值计算的基础；第 4、5 章分别介绍热量传输及简单动量传输过程程序开发；第 6 章介绍三角单元温度场有限元计算。本书由桂林航天工业学院王斌武、宋小鹏、吴国珊共同撰写，分工如下：王斌武撰写第 1~4 章；宋小鹏撰写第 5、6 章；其余部分由吴国珊撰写，全书由王斌武统稿。

在本书编写过程中，得到许多良师益友的帮助与支持。特别感谢我们的同事张桥艳在阅稿过程中给予的帮助。js 程序的调试是单调乏味的，一个 bug 的修复、一次绘图的改进可能要花费几天，甚至几周或一个月的时间。在此笔者要感谢家人、朋友及同事的关照和理解。

撰写本书的目的是希望能够起到抛砖引玉的作用，如果本书对读者能有一些启发那将是笔者莫大的欣慰。鉴于笔者水平所限，书中不妥之处，恳请读者批评指正。

著　者

2017 年 12 月

目　录

1 传输过程数值模拟程序开发综述

本书介绍了传输过程数值模拟程序开发基础知识，主要参考文献［1］～［7］。本章通过一个高炉炉体传热实例[8]简要说明传输过程的数值计算的一般流程[9,10]。

柳宗元的《梓人传》记载了一位善于把握整体建筑架构的木匠，施工前先绘制好整体施工图，高屋建瓴，使役其他工匠，完成工程。程序开发同样如此，无论是动辄几百兆甚至数千兆的商业数值模拟软件，抑或一个几百行代码的小程序，在开发之前同样首先要理清程序架构（流程）。通常，传输过程数值模拟主要包含前处理、计算和后处理。炼铁高炉可视作高温反应容器，其侧壁通常为多种材料构成。图 1-1 为高炉墙体 3D 模型，包含炉皮、填充料、冷却壁体、镶砖、炉衬和渣皮，现探讨计算炉墙稳态温度场分布。

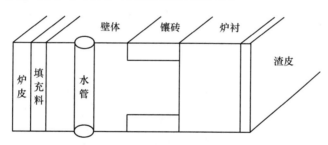

图 1-1　高炉炉体结构 3D 简化示意图

温度场求解计算步骤通常都包含了：

（1）建立物理几何模型：高炉炉腰炉腹部位的冷却壁，其传热方向主要为径向，故可简化为二维模型（图 1-2），同时也可以大大减少冷却壁温度场的计算量。

（2）确立数学模型（控制偏微分方程和定解条件）：该温度场的控制偏微分方程为二维稳态导热传输方程。定解条件为：炉皮与空气设为对流与辐射换热；渣皮或炉衬与高炉煤气设定为对流换热，或给定固定温度值；冷却水管与水为对流换热边界条件，给定水温与对流换热系数；其他为绝热边界条件。

（3）将计算区域进行网格剖分，如图 1-3 所示，并对各个单元格进行信息标记，即各单元格材料、边界条件等信息，以备后续计算使用。

（4）根据材料属性、边界条件、初始条件，确定各个节点温度场满足的方程组：

$$[K]\{T\} = \{P\} \qquad\qquad (1-1)$$

式中，$[K]$ 为稳态温度场系数矩阵；$\{T\}$ 为温度矩阵；$\{P\}$ 为已知温度值。

（5）计算对方程组（1-1）进行计算，得到方程组的解，涉及到方程组求解相关知识。

（6）后处理：将结果以可视化方式呈现，如图 1-4 所示。

（7）分析：一般根据计算结果指导设计或者改进工艺等。

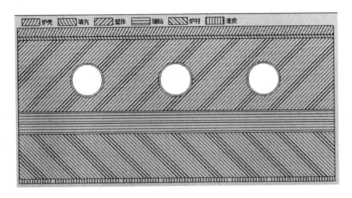

图 1-2　高炉炉墙 2D 模型示意图

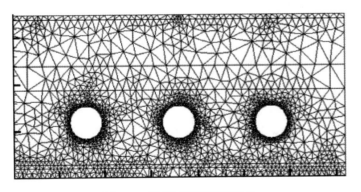

图 1-3　计算区域的网格剖分

本书按照上述步骤所涉及知识点对书中内容按照难易程度和认知顺序进行编排。第 2 章介绍了后处理——基于 HTML5 的数据可视化编程；第 3 章介绍了前处理——基于 Delaunay 算法的网格的剖分尝试；第 4 章以热传导为例介绍扩散方程；第 5 章对流—扩散方程的求解及介绍同位网格流场计算；第 6 章介绍使用非结构化网格基于有限元算法求解温度场。

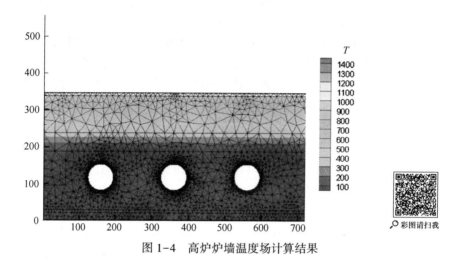

图 1-4　高炉炉墙温度场计算结果

根据上述数值模拟计算流程，本书开发的程序的架构流程示例如下（使用 JavaScript 编程语言）：

代码 1-1

```
1.   function onSolve( ) {//本书所有模拟程序的计算流程图
2.     var nodes = [ ];//控制体序列
3.     var solution = new Solution( nodes) ;//
4.
5.     var nx = 50,dx = 1;//↓,设置几何体并剖分网格,类似于商业软件的建模与网格剖分模块
6.     solution. SetUpGeometryAndMesh( nx,dx) ;//设置几何体并剖分网格,第三者详述网格剖分
7.
8.     var lmd = 1,Cp = 1,rho = 1;
9.     var steel = new SimpleMaterial( lmd,Cp,rho) ;
10.    solution. ApplyMaterial( steel) ;//设置材料
11.
12.    var Tini = 0,Tair = 1;
13.    solution. Initialize( Tini,Tair) ;//初始化,给定初值
14.
15.    solution. SetUpBoundaryCondition( ) ;//设置边界条件,分散与各章节,视算例而定
16.
17.    var iterations = 100,timeStep = 0. 1;/ *时间步长 timeStep,迭代 Iterations 次 * /
18.
19.    solution. Solve( iterations,timeStep) ;//计算系数矩阵并求解方程组,详见第 4/5/6 章内容
20.
21.    solution. ShowResults( ) ;/ * 显示计算结果,详见第 2 章后处理绘图 * /
22.  }
```

本书程序实现的流程也与常见商业计算软件的设置/计算流程相近，关于本书实现程序的特点的几点说明：

（1）笔者在学习传输过程数值模拟过程中，阅读了大量书籍和文献，程序

开发所使用计算机语言形形色色，主要有 C/C++、FORTRAN、Visual Basic（VB）、Matlab®等，各有优缺点：C/C++执行速度快，但前后处理程序需要额外学习 Windows 或者 MFC 编程，有一定学习成本；FORTRAN 执行速度快，但可读性和可移植性稍逊；VB 开发效率高，属于脚本语言，执行速度慢，且依赖 VB 运行；Matlab®无疑是比较合适的教学语言和平台，后处理功能完善，还提供了非常专业的数学运算库，如大型方程组求解，但同样作为脚本语言需要解释执行，速度相对较慢，且作为商业软件，价格不菲，基于对知识产权的尊重和保护，不便于推广。最终，经过作者慎重考虑，书中程序统一使用 HTML5/JavaScript 语言开发，与传统 C/C++/FORTRON 计算机语言相比具备几个显著优势：首先，易于搭建开发环境，不需要编译器，仅需一个文本编辑器即可；其次，运行几乎不依赖其他运行时（库），仅需一个浏览器，所以便于教学演示；再次，由于 JavaScript（js）语法简单，没有类和继承的概念，且会任何一门 C-Style 语言都会很快上手，学习成本低，入门快；再次，当前 js 可以高效绘图，便于对计算结果进行后处理操作；最后，跨平台可运行于几乎所有主流操作系统，也可运行于个人电脑、平板和手机等，只需要一个支持 HTML5 标准的浏览器。当然与传统 C/C++语言相比，HTML5/js 最大的不足是运行速度较慢。本书的目的在于介绍算法，给出一些易懂、便于扩展、简单的传输过程数值模拟程序，而不是进行大规模数值计算，所以使用了 HTML5 技术。

（2）笔者曾经尝试阅读优秀的开源计算流体力学程序包 OpenFOAM，由于代码量巨大，限于笔者理解能力而读后不得要领，没有坚持下来，所以本书中代码尽可能短，变量命名也尽量通俗易懂。本书给出源代码目的不是让读者复制和粘贴书中代码完成作业或项目甚至课题，而是希望能够激发读者编写出自己的更好的程序。我国明朝大思想家王阳明提出"知行合一"，强调理论与实践的结合，而传输过程的数值模拟程序开发也是一个理论与实践紧密结合的课题；只熟悉理论知识或只精通程序开发并不能完全做到"知行合一"。"基础在学，关键在做"，本书希望能够起到的作用是整理和回顾理论基础，把关键落实在程序编写上。另外，本书涉及很多开源程序库，请注意开源不等于完全免费，使用过程中若涉及到商业应用，请仔细阅读其授权说明，尊重知识产权。

（3）为了最大程度保证书中每个程序计算结果的合理性，笔者编排的例子大都是具有解析解的算例，这样可以验证数值模拟结果合理与否，如数学物理方法理论给出的二维泊松方程的解析解、纯物质凝固温度分布解析解及一维对流—扩散方程解析解。书中所有程序在作者笔记本电脑（操作环境为：Windows® 10Pro 32-bit、Intel® Core Duo CPU T6600 2.20GHz、2GB RAM，浏览器为 Mozilla® FireFox 45.0.1）、NOKIA® Lumia 2520 平板电脑的 IE 浏览器、华为® Mate 7 手机及中兴® Blade A1 手机上正常运行。

　　限于篇幅及笔者水平，书中并没有推导诸如扩散方程显式迭代计算稳定性条件、对流—扩散方程的离散、QUICK 计算格式、涡量—流函数方法边界涡量计算公式，有限元系数矩阵计算等内容，而是集中精力于程序实现；另一方面，理论推导工作已在参考文献中给出，前辈的理论推导工作已近乎完美，无需赘述。

　　阅读本书所需要一定的基础知识：传输原理中传热及流体力学基础知识、数值计算中线性方程组求解等，同时需要一定的面向对象编程基础。

2 后处理之使用 HTML5/js 实现数据可视化的尝试

本章代码

本书将主要使用 JavaScript（js）语言实现书中算法，本章仅介绍最基础的 HTML5/js 内容，深入了解请参考官方文档[11]。如无程序编写基础，强烈建议先熟悉一门 C-Style 语言（如 C/C++），并了解一些面向对象编程的概念，学习 js 将会变得相对容易一些。除了类型声明外，js 的大部分基础语法和 C/C++ 并无二异。

2.1 开发平台搭建

本书程序在 Windows® 10 操作系统上进行开发，针对 HTML5（H5）应用的开发工具有文本编辑器和调试工具：（1）编辑器有 Notepad++、Sublime、记事本等，本书推荐使用 Sublime。（2）调试工具使用常见浏览器内置的调试器，如 Microsoft® IE/EDGE、Google® Chrome 及 Mozilla® FireFox，本书推荐使用 FireFox。（3）Adobe® Dreamweaver 及 JetBrains® WebStorm 等大型商业开发软件集成了编辑器和调试工具。

2.2 HTML5 基础入门

H5 包含了 js、HTML 及 CSS（Cascading Style Sheet）技术，本书对 CSS 技术不做详细介绍。

2.2.1 js 基础

js 语法与 C/C++/java 等 C-Style 类型语言语法相近，如基本数据类型：

代码 2-1

```
1.  var b=true;//定义布尔变量 b,并赋值为 true,js 注释与 C/C++完全相同,此处不详述
2.  var i=0;//定义型变量 i,并赋值为 0
3.  var j=-1000;//定义整型变量 j,并赋值为-1000
4.  var k=0.123;//定义浮点数 k,并赋值为 0.123
5.  var s="Hello World";//定义字符串变量 s,并幅值为"Hello World"
6.  var obj={Name:"Soong",Age:28};//定义对象 obj,设置其属性:Name 为"Soong",Age 为 28
```

js 不需要像 C 语言一样显式的指定具体类型，如 int、double 等，统一使用 var 关键字声明变量。四则运算与 C 语言相同，如：

代码 2-2

```
1.   i+=10;//等同于 i=i+10
2.   i++;//等同于 i=i+1
3.   j/=100;//等同于 j=j/100
```

条件转移与循环语句与 C 语言类似，如下：

代码 2-3

```
1.   var num=100;//定义整数
2.   if((num%2)==1){//求 num 的余数，"%"为求余数运算符,与 C 语言一样
3.     console.log("奇数");//console.log()为 FireFox 浏览器内置的输出函数,类似于 C 语言中 printf
4.   }else{
5.     console.log("偶数");
6.   }
```

for 循环求 0 到 9 之和：

代码 2-4

```
1.   var sum:uint=0;
2.   for(var i=0;i<=9;i++){
3.     sum+=i;
4.   }
```

do-while 循环求 0 到 9 之和：

代码 2-5

```
1.   var sum=0,num=1;
2.   do{
3.     sum+=num++;
4.   }while(num<10)
```

循环语句中 continue 和 break 语句的用法也与 C/C++完全相同。js 数组与 C++标准库（STL）中 vector 类类似，用法如下：

代码 2-6

```
1.   var v=newArray(5);//定义一个长度为 5 的数组
2.   v[0]=1;v[3]=4;
3.   var v2=[];//定义数组 v2 与 v2=new Array();作用完全相同
4.   console.log(v.length)//输出数组 v 的长度
5.   var arr=newArray("one","two","three",3,4,5);
6.   arr.push(1.2,2.3,3.4);//使用 push 函数从尾部添加数据
7.   arr.pop();//从尾部删除一个数据
```

js 中定义和使用求和函数：

代码 2-7

```
1.   function AddFun(a,b){
2.     var res;
3.     res=a+b;
4.     return res;
5.   }
6.
7.   var c=AddFun(1,2);
```

与 C 语言不同需要注意的是：部分浏览器不支持 js 函数使用默认参数，如 IE 和 EDGE。js 内置了一些数学函数，如指数运算、开方、三角函数等，类似于 C 语言中 math. h 中的数学函数，js 内置数学函数有：

代码 2-8

```
1.  var rnd=Math. random( );//使用 random( )返回 0 到 1 之间的随机数
2.  var max=Math. max(2,5,8,1);//使用 max( )返回两个给定的数中的最大值
3.  var pi=Math. PI;//Math. PI 表示圆周率
4.  var sqr=Math. sqrt(5);//求 5 的平方根
5.  var i=Math. floor(3. 4);//求不超过 3. 4 的最大整数
6.  var e=Math. exp(2);//指数函数
7.  var s=Math. sin( Math. PI/6);//求 30 度角的正弦值
```

js 中没有类的概念，但可以实现类似于 C++中类的用法，便于模块化编程和代码维护，比如复数类的定义和使用，代码如下：

代码 2-9

```
1.  //这是一个复数类,仅仅实现几个书中用到简单功能而已
2.  var Complex=function( real,image) {//function 关键字,一定情况下可以理解为类
3.     this. x=real;//成员变量:实部
4.     this. y=image;//成员变量虚部
5.     //如下定义成员函数
6.     this. lengthCPLX=lengthCPLX;
7.     this. getAngleCPLX=getAngleCPLX;
8.     this. addCPLX=addCPLX;
9.     this. subCPLX=subCPLX;
10.    this. pole2cplx=pole2cplx;
11.    this. rotateCPLX=rotateCPLX;
12.  }
13.  function lengthCPLX( ) {//计算复数模
14.     returnMath. sqrt( this. x * this. x+this. y * this. y);
15.  }
16.  function getAngleCPLX( ) {//计算复数角度
17.     return LineUtil. InclinationAngelOfPoint( this,true);
18.  }
19.  function addCPLX( cplx) {//复数加法
20.     this. x+=cplx. x;this. y+=cplx. y;
21.     returnthis;
22.  }
23.  function subCPLX( cplx) {//复数减法
24.     this. x-=cplx. x;this. y-=cplx. y;
25.     returnthis;
26.  }
27.  function pole2cplx( pLen,pAngle) {//根据极坐标转换为笛卡尔坐标系
28.     returnnew Complex( pLen * Math. cos( pAngle),pLen * Math. sin( pAngle));
29.  }
30.  function rotateCPLX( theta,newLength) {//将复数逆时针旋转 theat 弧度
31.     var newAngle=this. getAngleCPLX( )+theta;
```

```
32.      var cplx = this. pole2cplx((newLength)? newLength:this. lengthCPLX(), newAngle);
33.      this. x = cplx. x; this. y = cplx. y;
34.      returnthis;
35.    }
36.  function test_Complex() {//测试使用刚刚定义的复数类
37.      var cplx = new Complex(1,1);//生成一个复数对象,设置其实部和虚部都为1
38.      console. log(cplx. getAngleCPLX());//获取其角度
39.      cplx. rotateCPLX(Math. PI/4);//逆时针旋转 45 度
40.      console. log(cplx. x, cplx. y);//输出复数
41.    }
```

其中 js 中关键字 this 与 C++类构造函数内的 this 指针用法类似。本书大多程序段都用了类的概念，封装计算变量和计算函数，增强程序可读性。

2.2.2　HTML 基础

HTML（HyperText Mark-up Language）是由 HTML 标签嵌套和组合的描述性文本，HTML 标签可以描述文本（p，div 等）、表格（table）、图片（image）、音频（audio）、视频（video）、链接（a）等种类繁多内容。HTML 文件由头部（head）和主体（body）构成部分，头部用于制定标题及引用了那些 js/CSS 文件，主体用于描述具体呈现内容，如下例 CH2Contour. html：

代码 2-10

```
1.   <! doctype html>
2.   <htmllang = " en" >
3.     <head>
4.       <metacharset = " UTF-8" >
5.       <title>CH2:Contour Demo </title>
6.       <scriptsrc = " VisualizeLib. js" ></script>
7.       <scripttype = " text/javascript" src = " CH2Contour. js" ></script>
8.     </head>
9.     <body>
10.      <divstyle = " position:absolute;top:50px;left:50px;" >
11.        <canvasid = " canvasOne" width = " 600" height = " 400" >
12.        Your browser does not support HTML 5 Canvas.
13.        </canvas>
14.      </div>
15.    </body>
16.  </html>
```

文件 CH2Contour. html 中声明了标题："CH2：Contour Demo"，指定引用 VisualizeLib. js 和 CH2Contour. js 两个 js 文档，类似于 C/C++包含头文件；主体里包含了标签 div，而 div 里面嵌套了一个 canvas 标签，而且给出该 canvas 的 id 为 canvasOne，宽度为 600，高度为 400。为便于理解，将上述 HTML 文档结构绘制

如图 2-1 所示。

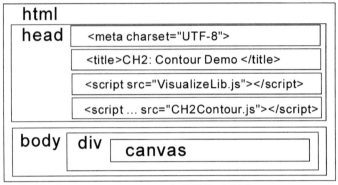

图 2-1　HTML 文档结构示意图

2.2.3　文档对象模型 DOM 及表单

文档对象模型（Document Object Model，简称 DOM），实现了通过 JavaScript 针对网页元素（标签）实现添加、删除、修改等操作，DOM 提供了大量函数来操作 HTML 文档，比如函数 getElementByID。标签的 id 是 HTML 元素的唯一标识符，js 中可以通过 document 的函数 getElementByID 来获取该元素，从而可以操作该标签元素。如例获取可用于绘图的 canvas 元素的绘图环境上下文，这个函数使用贯穿全书：

代码 2-11

```
1.    function GetCanvasContext(canvasID) {
2.      var theCanvas = document.getElementById(canvasID); //获取 id 为 canvasID 的标签元素
3.      return theCanvas.getContext("2d"); //调用该元素函数,并返回调用结果
4.    }
```

再比如通过 js 修改网页标题：

代码 2-12

```
1.    document.title = "thisTitle";
```

HTML 标签中有一类特殊的标签：表单（form），用于显示控件，以使网页能够交互，如下代码定义了表单，内部包含了两个数字输入框和一个按钮：

代码 2-13

```
1.    <divstyle = "width:500px;height:auto;float:left;display:inline">
2.      <formid = "formA" width = "500" height = "400">
3.      设置计算参数:<br/>
4.      时间步长:<inputtype = "number"id = "timeStep"min = "1"max = "100"step = 0.01value = "1"/><br/>
5.      计算时间:<inputtype = "number"id = "during"min = "1"max = "1000"step = 0.01value = "120"/><br/>
6.      提交:<inputtype = "button" value = "求解" onclick = "main()"/>
7.      </form>
8.    </div>
```

运行显示结果如图 2-2 所示。

如何在网页脚本中获取用户输入的参数呢？form 中的 button 定义了 onclick 属性，表明点击后会调用 main( ) 函数，main 函数获取用户输入，如下：

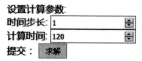

图 2-2   HTML form 使用的示例

代码 2-14

```
1.   //根据 id 获取文本输入框的内容并转换为整形
2.   function GetInputNumber( id) {
3.     var numberInput = document. getElementById( id) ;//获取控件
4.     var v = numberInput. value;//获取可见属性
5.     returnparseInt( v) ;//转换为整形
6.   }
7.   //程序入口
8.   function main( ) {
9.     var timeStep = GetInputNumber( "timeStep" )/1000;//获取时间步长
10.    var during = GetInputNumber( "during" ) ;//获取求解时间
11.    console. log( timeStep, during) ;
12.  }
```

2.2.4   HTML5 Canvas 绘图基础

Canvas 是 HTML 标准近年发展到 HTML5 时添加的新特性，用于在网页上高效绘制矢量图形，详细内容请参考文献[12]。早期版本的浏览器不支持 canvas，可以使用 modernizr. js 库（www. modernizr. com）封装的函数检测浏览器是否支持 HTML5 标准。H5canvas 绘图，与 MFC（Microsoft Foundation Classes）或 Visual Basic 等绘图步骤类似。下例给出 canvas 绘制直线路径、填充及输出文本示例，HTML 文本包含了一个 canvas 用于绘图：

代码 2-15

```
1.   <htmllang = "en" >
2.     <head>
3.       <metacharset = "UTF-8" >
4.       <title>CH2 : Canvas Demo </title>
5.       <scripttype = "text/javascript" src = "CH2CanvasBasic. js" ></script>
6.     </head>
7.     <body>
8.       <divstyle = "position : absolute ; top : 50px ; left : 50px ; " >
9.         <canvasid = "canvasOne" width = "600" height = "400" >
10.        Your browser does not support HTML 5 Canvas.
11.        </canvas>
12.      </div>
13.    </body>
14.  </html>
```

对应的 js 脚本文件 CH2CanvasBasic. js 如下：

```
1.  window. addEventListener("load",main,false);//窗口载入结束后就执行 main 函数
2.  //图形绘制与微软 MFC 类库中绘图接口类似
3.  function main(){//主程序入口
4.      var theCanvas = document. getElementById("canvasOne");//获取 canvas 实例
5.      var context = theCanvas. getContext("2d");//获取 2D 绘图环境操作接口
6.      context. stokeStyle = "red";//线条颜色设定为红色 red
7.
8.      context. beginPath();//开始绘制路径
9.      context. moveTo(20,10);//move to
10.     context. lineTo(40,200);//line to
11.     context. lineTo(140,180);//line to
12.     context. stroke();//显示路径
13.
14.     context. fillStyle ='green';//设置填充颜色为绿
15.     context. fillRect(90,40,180,90);//绘制矩形并设定其左上角坐标及长宽
16.
17.     context. font =' 28px microsoft yahei ';//设置字体及大小
18.     context. fillText('这是 Canvas 绘制的样本文本',100,30);//绘制制定文本
19.  }
```

运行该网页，结果如图 2-3 所示。

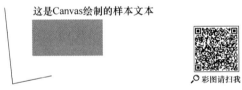

图 2-3　HTML5 Canvas 绘图

2.2.5　程序调试及数据输出

上文提及到的浏览器都有针对开发者的工具，以便于对 js 程序进行调试。调试功能的使用方法类似于 Microsoft Visual Studio 中的调试步骤，通过设置断点，观察变量的值，此处不再赘述，FireFox 甚至支持设置"条件断点"，给调试提供方便。如何将计算过程中产生的数据或信息在网页内显示呢？如下 js 函数 TraceLog 实现在 ID 为 host 的标签元素内追加一段文本：

```
1.  function TraceLog(host,text){
2.      var div = document. createElement("div");//创建一个 div 标签，即段落
3.      div. innerHTML = text;//设置该标签属性值为 text
4.      document. getElementById(host). appendChild(div);//ID 为 host 的标签内嵌入刚刚生成的段落
5.  }
```

如下函数示意在 ID 为 tbHost 的元素内追加一个表格：nodes 为二维数组，遍历其所有行和列，将其元素的 Ap 属性以二维表格的形式显示出来。通过该函数可以直观观察到二维数组的内容。

代码 2-18

```
1.   function DebugInfo( tbHost ) {
2.     var table = document. createElement( "table" ) ;//生成一个表格
3.     table. setAttribute( "border" , "1" ) ;//设置其表格线条样式宽度
4.     table. setAttribute( "align" , "center" ) ;//设置居中
5.
6.     for( var row = this. yDim; row >= 1; row-- ) {//遍历行
7.       var tr = document. createElement( "tr" ) ;//创建一行
8.       for( var col = 1; col <= this. xDim; col++ ) {//遍历列
9.         var td = document. createElement( "td" ) ;//每行创建若干列元素
10.        td. innerHTML = nodes[ col ][ row ]. aP. toFixed( 1 ) ;//设置单元格内容,保留有效数字 1 位
11.        tr. appendChild( td ) ;//将刚刚生成的列信息添加到行
12.      }
13.      table. appendChild( tr ) ;//对表格添加行
14.    }
15.    document. getElementById( tbHost ). appendChild( table ) ;//将 ID 为 tbHost 的元素内追加该表格
16.  }
```

2.3 基于 HTML5 的数据可视化后处理

传输过程的数值模拟计算完成后，需要将计算结果以图表化的结果呈现出来（后处理）。常见后处理结果有绘制标量分布 Contour 图（也称等高图），和用于描述矢量（Vector）分布的矢量图，图 2-4 示意了 Contour 图及矢量分布图。Contour 图中标量值相近的区域用同一种颜色填充，类似于地图中的等高图，海拔越高的区域使用橙色越深的颜色，海拔越低的区域使用颜色越深的蓝色，中间

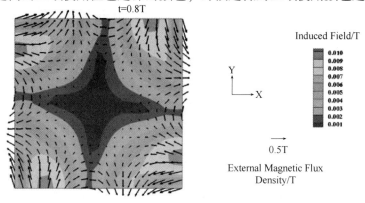

图 2-4 Contour 图及其 Legend 实例[10]

的区域进行颜色插值处理，根据颜色就能大致确定某一区域的海拔高度，Contour 图中某一区域的范围依据其 Legend 图例确定。本节将介绍在网页中绘制 Contour 图及其他图表。

2.3.1 Contour 图中的 Legend 渐变颜色生成

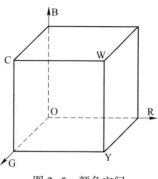

图 2-5 颜色空间

三维空间中，通过三个方向（X、Y、Z 三轴）上的坐标值确定一个点；颜色也类似，在颜色空间中，通过三个分量（红绿蓝三个分量/三元色）确定一个颜色，如图 2-5 所示。计算机程序中，通常每个分量都限制在 0 ~ 255（十六进制为 0x00 到 0xFF，）共 256 个整形数集合中，即 8 位（bit），所以每个包含红绿蓝分量的颜色占用内存空间 24 位，依次列出红绿蓝分量，如红（0xFF0000）、绿（0x00FF00）、蓝（0x0000FF），黑（0x000000），白（0xFFFFFF）=红+绿+蓝。

有限元分析软件如 Fluent、Ansys 及后处理软件 Tecplot 等，默认使用的 Legend 图例使用连续渐变颜色：红—黄（0xFFFF00）—青（0x00FFFF）—蓝，在图 2-5 中依次是 R、Y、G、C、B。其中由红渐变为黄，即由 R 点到 Y 点，红色分量始终不变为 0xFF，绿色分量从 0 增加到 0xFF，蓝色分量始终为 0；同样由黄到绿、由绿到青和由青到蓝的颜色渐变过程都只有一个颜色分量在变化。沿路径 RYGCB 经历 256×4-3 = 1021 个 RGB 颜色由红渐变为蓝，但实际应用过程中可能只需要 15 个颜色，只需将这 15 个点均匀映射到路径 RYGCB 上，把这 15 个颜色读取出来即可。如下代码中 ColorUtil. getLegendColor 函数实现生成 cnt 个连续变化的颜色值。

代码 2-19

```
1.   var ColorUtil = newfunction( ){｛｝;//定义一个"类"ColorUtil 用于封装各个计算颜色功能
2.
3.   ColorUtil. combineRGB = function( r,g,b )｛//由 RGB 分量值生成 H5
4.       return "rgb("+r+","+g+","+b+")";//js 中颜色可以使用字符串表示,如:"rgb(255,0,0)"表示红色
5.   ｝;
6.
7.   ColorUtil. getLegendColor = function( cnt )｛//生成数量为 cnt 个的渐变颜色,实现由红渐变为蓝
8.       var colorList = [ ] ;//要返回的颜色值数组
9.
10.      for( var i = 0;i <= cnt;i++ )｛
11.        var ratio = i/cnt;//首先根据比例确定在四个颜色渐变区间的哪一个
12.        if( ratio <= 0.25 )
13.          colorList[ i ] = ColorUtil. colorInR1( ratio );//由红到黄的渐变,在 RY 路径上,对绿色插值
14.        elseif( ratio <= 0.5 )
15.          colorList[ i ] = ColorUtil. colorInR2( ratio );//由黄到绿的渐变,在 YG 路径上,对红色插值
```

```
16.    elseif( ratio< = 0.75)
17.        colorList[i] = ColorUtil. colorInR3( ratio) ;//由绿到青的渐变,在 GC 路径上,对蓝色插值
18.    else
19.        colorList[i] = ColorUtil. colorInR4( ratio) ;//由青到蓝的渐变,在 CB 路径上,对绿色插值
20.        }
21.    return colorList. reverse( ) ;//数组反转,值越高颜色趋于红色,值小则趋于蓝色
22.    };
23.
24.    ColorUtil. colorInR1 = function( ratio) {//由红到黄的渐变,仅有绿色分量在变化:由 0 递增为 255
25.        ratio/ = 0.25 ;//比例归一化
26.        return ColorUtil. combineRGB( 255,Math. floor( ratio * 255),0) ;//绿色分量插值,红蓝分量不变
27.    };
28.
29.    ColorUtil. colorInR2 = function( ratio) {//由黄到绿的渐变,仅有红色分量在变化:由 255 递减为 0
30.        ratio = ( ratio-0.25)/0.25 ;//比例归一化
31.        return ColorUtil. combineRGB( Math. floor((1-ratio) * 255),255,0) ;//红色分量插值,绿蓝分量不变
32.    };
33.
34.    ColorUtil. colorInR3 = function( ratio) {//由绿到青的渐变,仅有蓝色分量在变化:由 0 递增为 255
35.        ratio = ( ratio-0.5)/0.25 ;//比例归一化
36.        return ColorUtil. combineRGB( 0,255,Math. floor( ratio * 255)) ;//蓝色分量插值,红绿分量不变
37.    };
38.
39.    ColorUtil. colorInR4 = function( ratio) {//由青到蓝的渐变,仅有绿色分量在变化:从 255 递减为 0
40.        ratio = ( ratio-0.75)/0.25 ;//比例归一化
41.        return ColorUtil. combineRGB( 0,Math. floor((1-ratio) * 255),255) ;//绿色分量插值,红蓝分量不变
42.    };
43.
```

假设某平面温度大致介于 0℃ 到 7℃，Legend 温度值数组 valueKey 设置为 1、2、3、4、5、6 共 6 个值，显然需要 6-1=5 个颜色来标注。颜色值数组 colorKey 经上述 getLegendColor（5）函数计算为维度为 5 的 {红，黄，绿，青，蓝} 的颜色数组。温度高于 6℃ 的区域使用红色填充，低于 1℃ 的区域使用蓝色填充，介于 1℃ 到 2℃ 的区域使用青，介于 2℃ 到 3℃ 的区域使用绿色填充，依此类推。ColorUtil. GetCColor 根据 colorKey 与 valueKey 计算值为 value 时需要填涂的颜色，实现代码如下：

代码 2-20

```
1.    ColorUtil. GetCColor = function( value,colorKey,valueKey) {
2.    if( value< = valueKey[0]) return colorKey[0] ;//低于下限
3.    elseif( value> = valueKey[ valueKey. length-1]) return colorKey[ colorKey. length-1] ;//高于上限
4.
5.    for( var i = 0;i<valueKey. length-1;i++) {//位于下限与上限之间的区域,逐个查找
6.        if ( MathUtil. NumberContain( value,valueKey[i],valueKey[i+1]))
7.            return colorKey[i+1] ;
8.    }
9.    };
```

有趣的是，RGB 颜色分量等比例缩放会使颜色变浅或加深，如 0xFF0000 与 0x550000 都是红色，只是后者在视觉直观上要浅一些。所以灰度图中的颜色也容易生成，等比例缩放 0xFFFFFF 即可，如 0x222222、0x999999 和 0xCCCCCC 都是灰色，只是深浅不同，仅有黑白色时不失为一种有效方法。需要注意的是，H5 中颜色分量必须为整数，否则颜色呈现可能有误，如 rgb（23.4，0，0）是强烈不建议使用的。

2.3.2　Contour 绘制简介

任意一个有限大的平面图形都可以由有限的三角形平面拼接而成，所以将一个平面剖分为有限个三角形，分别对每个三角形进行 Contour 绘制，就完成了平面图 Contour 的绘制。首先，我们分析如何对单个三角形绘制等值线，如图 2-6 所示的三角形，三个顶点温度为 50℃、230℃、240℃，要绘制 100℃ 和 200℃ 的两条等值线。由于温度是连续变化的，

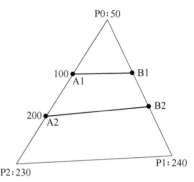

图 2-6　绘制等高（isoline）图

从点 P0 到点 P2 必然有两个点 A1 和 A2，其温度分别为 100℃ 和 200℃，同样从 P0 到 P1 点必然存在两个点 B1 和 B2，其温度也分别为 100℃ 和 200℃。将 A1、A2 分别与 B1、B2 连接就生成两条等值线，这四个点的坐标都可以通过等比分点公式计算得出。两条等值线将三角形分为三部分，分别根据温度高低填充不同的颜色即可生成 Contour 图。

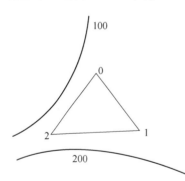

图 2-7　三角形与等值线没有交点

通过上面分析，绘制单个三角形的 Contour 图分三步：（1）由定比分点公式计算三角形各边的等值点；（2）将值相同的等值点连接起来就生成等值线；（3）此时三角形被等值线分割为更小的三角形、梯形甚至五边形，分别填涂颜色即完成了单个三角形的 Contour 图绘制。实际上，上面分析的是一个较简单的情形。本书单个三角形的 Contour 绘制依据三角形节点值和等值线分成三种情形，下面分别讨论之。第一类，也是最简单的情形，如图 2-7 所示，三角形的三个节点值（比如温度）比较接近，与所有等值线没有交点。那么将该三角形整个使用合适的颜色填充即可。

第二类三角形如图 2-8 所示。仅有一条等值线穿越三角形，将三角形分为一个三角形和一个梯形（也可能是两个三角形），分别填充恰当的颜色即可。

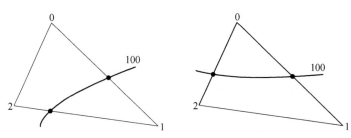

图 2-8 仅有一条等值线穿越三角形

第三类三角形如图 2-9 所示。多条等值线将三角形分为若干三角形和梯形，填充恰当颜色即可。但存在特殊情况可能将原三角形分出来一个五边形，在程序实现时需要特殊处理。

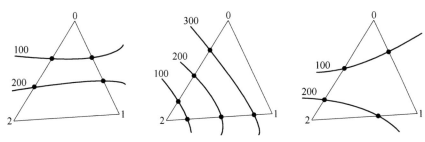

图 2-9 有两条以上的等值线穿越三角形

编写 triangleMode 函数计算三角形是类别，根据类别绘制 Contour 图。如下是后处理类文件 VisualizeLib. js 整个程序：

代码 2-21

```
1.   var EPSILON = 0. 000001;
2.   function GetCanvasContext( canvasID, type) {/ * 篇幅所限, 此处略去, 上文已讲述 * /}
3.   function TraceLog( host, text) {/ * 篇幅所限, 此处略去, 上文已讲述 * /}
4.   function AssembledChartData( x, y, labels, colors) {/ * 篇幅所限, 此处略去, 下文会提及 * /}
5.   function XYZ( x, y, z) {//节点类 X, Y 为坐标, Z 为值如温度压力等
6.     this. x = x; this. y = y; this. z = z;
7.   }
8.
9.   function Elem( p, lbl) {//三角形类
10.    this. p = p;//p 为三角形顶点下标数组
11.    this. tag = lbl;//这个三角形单元的编号, 可用于标注材料
12.  }
13.
14.  var MathUtil = function( ) {}; //数学类
15.  //NumberContain 用于判断数值 v 是否介于数值 A 与 B 之间
16.  MathUtil. NumberContain = function( v, A, B, includeingEnd) {
17.    if ( v == B) {
18.      if( includeingEnd) returntrue;        elsereturnfalse;
```

```
19.      }
20.
21.      var ratio = ( A-v)/( v-B) ;
22.
23.      if( ratio == 0) {//是否包含断点?
24.         if( includeingEnd) returntrue ;        elsereturnfalse ;
25.      }
26.
27.      if( ratio>0) returntrue ;    elsereturnfalse ;
28.    };
29.    //InterpolatePoint 对线段 pA-pB 根据比例 ratio 分割,返回该分割点
30.    MathUtil. InterpolatePoint = function( pA , pB , ratio) {
31.      var AB = new XYZ( pB. x-pA. x , pB. y-pA. y ,0) ;
32.
33.      var newX = pA. x+AB. x * ( 1-ratio) ;
34.      var newY = pA. y+AB. y * ( 1-ratio) ;
35.      var newZ = pB. z+ratio * ( pA. z-pB. z) ;
36.
37.      var result = new XYZ( newX , newY , newZ) ;
38.
39.      return result ;
40.    };
41.    //lineContainValues 计算线段 pA-pB 与等值点数组 ValueKey 的一系列交点,用于生成三角形某条边上
       的等值点
42.    MathUtil. lineContainValues = function( pA , pB , ValueKey) {
43.      var rst = [ ] ;
44.
45.      if( ( ValueKey == null) ‖ ( ! ValueKey. length) ) return rst ;
46.
47.      if( pA. z == pB. z) return rst ;
48.
49.      for( var i = 0 ;i<ValueKey. length ;i++) {
50.         var ratio = ( ValueKey[ i] -pB. z)/( pA. z-pB. z) ;
51.         if(MathUtil. NumberContain(ratio,0,1,false)){ rst. push(MathUtil. InterpolatePoint(pA ,pB ,ratio)) ;}
52.      }
53.      return rst ;
54.    };
55.    //End of Class MathUtil , Starting Class ColorUtil
56.    var ColorUtil = newfunction( ) {};
57.    ColorUtil. combineRGB = function( r,g,b) {/ * 篇幅所限,此处略去,上文已讲述 */
58.      return "rgb( " +r+" ," +g+" ," +b+" )" ;
59.    };
60.
61.    ColorUtil. getLegendColor = function( cnt) {/ * 篇幅所限,此处略去,上文已讲述 */};
62.    ColorUtil. colorInR1 = function( ratio) {/ * 篇幅所限,此处略去,上文已讲述 */};
63.    ColorUtil. colorInR2 = function( ratio) {/ * 篇幅所限,此处略去,上文已讲述 */};
64.    ColorUtil. colorInR3 = function( ratio) {/ * 篇幅所限,此处略去,上文已讲述 */};
65.    ColorUtil. colorInR4 = function( ratio) {/ * 篇幅所限,此处略去,上文已讲述 */};
66.    ColorUtil. GetCColor = function( value ,colorKey ,valueKey) {/ * 篇幅所限,此处略去,上文已讲述 */};
67.    //ContourUtil
```

```
68.    var ContourUtil=newfunction( ){ };
69.    //triangleMode 确定三角形 delt 是哪一类,keyPoints 是等值点
70.    ContourUtil. triangleMode=function( delt,keyPoints) {
71.      if( keyPoints. length==0)       return 0;
72.
73.      var hiCnt=0,loCnt=0;var lo=keyPoints[ 0]. z;var hi=0;
74.
75.      if ( keyPoints. length==1) {
76.        for( var i=0;i<delt. length;i++) {      if( delt[ i]. z<lo)      loCnt++;
77.        }
78.        return loCnt;
79.      }
80.
81.      hi=keyPoints[ keyPoints. length−1]. z;
82.
83.      for( var j=0;j<delt. length;j++) {
84.        if( delt[ j]. z>hi) hiCnt++;
85.        if( delt[ j]. z<lo) loCnt++;
86.      }
87.
88.      if( loCnt==hiCnt) return 3;
89.      elsereturn loCnt;
90.    };
91.    //使用颜色 color 绘制路径 path 并填充,数组 path 包含了一系列路径所包含的坐标点
92.    ContourUtil. DrawPath=function( context,path,color,debugMode) {
93.      context. fillStyle=color;
94.
95.      context. beginPath( );
96.      context. moveTo( path[ 0],path[ 1]);
97.      for( var i=2;i < path. length−1;i+=2) {
98.        context. lineTo( path[ i],path[ i+1]);//画线
99.      }
100.   context. closePath( );
101.   context. fill( );
102.
103.   if( debugMode) context. stroke( );//调试模式
104.   };
105.   //SpawnValueKey 用于生成 Legend 所需的节点值数组 valueKey
106.   ContourUtil. SpawnValueKey=function( points,partitionNum) {
107.     var maxV=Number. MIN_VALUE;
108.     var minV=Number. MAX_VALUE;
109.     points. forEach( function( p) {
110.       if( p. z>maxV) maxV=p. z;
111.       if( p. z<minV) minV=p. z;
112.     });//寻找极值
113.     console. log( "( value key) max:",maxV,"/min:",minV);
114.     var deltV=maxV−minV;
115.
116.     maxV−=deltV ∗ 0. 05;minV+=deltV ∗ 0. 05;
```

```
117.
118.    deltV = maxV−minV;
119.    if( partitionNum<2) partitionNum = 2;
120.    var interval = deltV/partitionNum;
121.
122.    var valueKey = newArray( );
123.    for( var i = 0; i <= partitionNum; i++) {
124.      valueKey. push( minV+i * interval);
125.    };
126.
127.    return valueKey;
128.  }
129.  //DrawLegend 绘制 Legend
130.  ContourUtil. DrawLegend = function( context, valueKey, precision) {
131.    precision = precision ‖ 2;
132.    var clrs = ColorUtil. getLegendColor( valueKey. length);
133.    context. strokeStyle = "#000000";
134.    context. lineWidth = 1;
135.    var len = clrs. length;
136.    for( var i = 0; i<len; i++) {
137.      context. fillStyle = clrs[ len−i−1];
138.      context. fillRect( 0,16 * i,20,16);
139.      context. strokeRect( 0,16 * i,20,16);
140.    }
141.
142.    context. font = "16px Georgia";
143.    context. fillStyle = "#000000";
144.    len = valueKey. length;
145.    for( var i = 0; i<len; i++) {
146.      context. fillText( valueKey[ len−i−1]. toFixed( precision),25,16 * i+20);
147.    }
148.  };
149.  //绘制单个三角形的 Contour
150.  ContourUtil. DrawDelta = function( ctx, delt, tsFun, colorKey, valueKey, debugMode) {
151.    var pLstA = MathUtil. lineContainValues( delt[ 0],delt[ 2],valueKey);
152.    var pLstB = MathUtil. lineContainValues( delt[ 0],delt[ 1],valueKey);
153.    for( var k = 0; k<pLstA. length; k++) {
154.      if ( Math. abs( pLstA[ k]. z−delt[ 1]. z)<EPSILON) {
155.        pLstB. push( delt[ 1]);
156.        break;
157.      }
158.    }
159.    var pLstC = MathUtil. lineContainValues( delt[ 1],delt[ 2],valueKey);
160.    if ( pLstB! = null) {
161.      if (( pLstC! = null)&&( pLstC. length)) {
162.        for( var j = 0; j<pLstC. length; j++)
163.          pLstB. push( pLstC[ j]);
164.      }
```

```
165.    } else {
166.      pLstB = pLstC;
167.    }
168.    pLstC = null;
169.
170.    var triMode = ContourUtil. triangleMode( delt, pLstA );
171.
172.    if ( triMode == 0 ) {
173.      pLstA. push( delt[0] );      pLstB. push( delt[0] );
174.      pLstA. push( delt[2] );      pLstB. push( delt[1] );
175.    } elseif( triMode == 1 ) {
176.      pLstA. unshift( delt[0] );      pLstB. unshift( delt[0] );
177.      pLstA. push( delt[2] );      pLstB. push( delt[1] );
178.    } elseif( triMode == 2 ) {
179.      pLstA. unshift( delt[0] );      pLstB. unshift( delt[1] );
180.      pLstA. push( delt[2] );      pLstB. push( delt[2] );
181.    } elseif( triMode == 3 ) {
182.      pLstA. unshift( delt[0] );      pLstB. unshift( delt[0] );
183.      pLstA. push( delt[2] );      pLstB. push( delt[2] );
184.    }
185.
186.    if( pLstA. length! = pLstB. length )      return;
187.
188.    for( varpos, i = 0; i < pLstA. length-1; i++ ) {
189.      var path = [ ];
190.      pos = tsFun( pLstA[i] );
191.      path. push( pos. x, pos. y );
192.      pos = tsFun( pLstB[i] );
193.      path. push( pos. x, pos. y );
194.      if ( triMode == 3 ) {
195.        if ( MathUtil. NumberContain( delt[1]. z, pLstB[i]. z, pLstB[i+1]. z, false ) ) {
196.          pos = tsFun( delt[1] );
197.          path. push( pos. x, pos. y );
198.        }
199.      }
200.      pos = tsFun( pLstB[i+1] ); //坐标变化,以在计算机显示器上呈现
201.      path. push( pos. x, pos. y );
202.      pos = tsFun( pLstA[i+1] ); //坐标变化,以在计算机显示器上呈现
203.      path. push( pos. x, pos. y );
204.      pos = tsFun( pLstA[i] ); //坐标变化,以在计算机显示器上呈现
205.      path. push( pos. x, pos. y );
206.
207.      var color = ColorUtil. GetCColor( ( pLstA[i]. z+pLstA[i+1]. z )/2, colorKey, valueKey );
208.
209.      ContourUtil. DrawPath( ctx, path, color, debugMode );
210.    }
211. };
212. //绘制指定节点数组和三角单元的三角形系列的 Contour
213. ContourUtil. DrawAll = function( ctx, points, eleLst, tsFun, colorKey, valueKey, debugMode ) {
214.    var triangle = newArray( 3 );
```

```
215.    eleLst. forEach( function( e) {
216.      for( var i = 0;i<3;i++) {
217.        triangle[ i] = points[ e. p[ i] ];
218.        }
219.        triangle. sort( function( a,b) { return a. z-b. z;} ) ;
220.        ContourUtil. DrawDelta( ctx,triangle,tsFun,colorKey,valueKey,debugMode) ;
221.      } ) ;
222. } ;
223. //绘制简易坐标轴
224. ContourUtil. ShowCoordnates = function( ctx,tsFun,xMax,yMax,xTicks,yTicks) {
225.      xTicks = xTicks || 5;
226.      yTicks = yTicks || 5;
227.
228.      ctx. strokeStyle = " #000000" ;
229.      ctx. lineWidth = 1;
230.
231.      var pos = new XYZ( 0,0,0) ;
232.
233.      ctx. beginPath( ) ;
234.      //Draw X-Coordnate Line
235.      pos = tsFun( pos) ;
236.      ctx. moveTo( pos. x,pos. y) ;
237.      pos. x = xMax * 1. 2;pos. y = 0;
238.      pos = tsFun( pos) ;
239.      ctx. lineTo( pos. x,pos. y) ;
240.      //Draw Y-Coordnate Line
241.      pos. x = 0;pos. y = 0;
242.      pos = tsFun( pos) ;
243.      ctx. moveTo( pos. x,pos. y) ;
244.      pos. x = 0;pos. y = yMax * 1. 2;
245.      pos = tsFun( pos) ;
246.      ctx. lineTo( pos. x,pos. y) ;
247.      ctx. stroke( ) ;
248.
249.      ctx. font = " 16px Georgia" ;
250.      ctx. fillStyle = " #000000" ;
251.      var tick = 0;
252.      var label = " a string" ;
253.
254.      //Draw X-Coordnates ticks
255.      for( var i = 0;i< = xTicks;i++) {
256.        pos. x = i * xMax/xTicks;pos. y = 0;
257.        pos = tsFun( pos) ;
258.        ctx. beginPath( ) ;
259.        ctx. arc( pos. x,pos. y,3,0,360,false) ;
260.        ctx. fill( ) ;
261.        ctx. closePath( ) ;
262.
```

```
263.      tick = i * xMax/xTicks;
264.      label = tick. toFixed(2);
265.      ctx. fillText(label, pos. x, pos. y+20);
266.    }
267.
268.    //Draw Y-Coordnates ticks
269.    for(var i = 0; i <= yTicks; i++) {
270.      pos. x = 0; pos. y = i * yMax/yTicks;
271.      pos = tsFun(pos);
272.      ctx. beginPath();
273.      ctx. arc(pos. x, pos. y, 3, 0, 360, false);
274.      ctx. fill();
275.      ctx. closePath();
276.
277.      tick = i * yMax/yTicks;
278.      label = tick. toFixed(2);
279.      ctx. fillText(label, pos. x-40, pos. y);
280.    }
281. }
```

通常有限元计算结果分为两部分：一部分为节点信息包含每个节点的编号、坐标及计算值（如温度压力等）；另一部分数据为三角单元信息，包含每个三角单元三个顶点在节点列表中的编号以及单元信息（可表示单元的材料等信息）。显然这样的数据文件更利于节省计算机资源。

代码 2-22

```
1.    #节点列表，每行依次为编号, X 坐标, Y 坐标和计算结果
2.    0, 200, 300, 5
3.    1, 400, 150, 55
4.    2, 180, 10, 125
5.    3, 10, 10, 63
6.    #三角单元列表，依次为三个顶点在上面节点列表中的编号
7.    0, 1, 2, 0
8.    0, 2, 3, 1
```

现举例说明如何使用 ContourUtil 绘制上述数据的 Contour 图。CH2Contour. html 文件如下，包含了上述 VisualizeLib. js 及一个绘图用的 canvas：

代码 2-23

```
1.    <htmllang = " en" >
2.      <head>
3.        <metacharset = " UTF-8" >
4.        <title>CH2:Contour Demo </title>
5.        <scriptsrc = " VisualizeLib. js" ></script>
6.        <scripttype = " text/javascript" src = " CH2Contour. js" ></script>
7.      </head>
8.      <body>
9.        <divstyle = " position:absolute;top:50px;left:50px;" >
```

```
10.        <canvasid = " canvasOne" width = " 600" height = " 400" >
11.          Your browser does not support HTML 5 Canvas.
12.        </canvas>
13.      </div>
14.    </body>
15. </html>
```

　　CH2Contour. js 程序如下：

代码 2-24

```
1.     window. addEventListener( " load" , main , false ) ;
2.
3.     function main( ) {
4.        var context = GetCanvasContext( " canvasOne" ) ;
5.        context. stokeStyle = " rgb( 255 ,0 ,0 )" ;
6.
7.        var h = 400 ;
8.        //坐标变换函数,以实现坐标系位移缩放功能
9.        function tsFun( pnt) {
10.          var x = pnt. x + 120 ;
11.          var y = h - pnt. y - 30 ;
12.          returnnew XYZ( x ,y ,0 ) ;
13.        }
14.
15.        var points = [ ] ;//4 个点,生成节点列表
16.        points. push( new XYZ( 200 ,300 ,5 ) , new XYZ( 400 ,150 ,55 ) , new XYZ( 180 ,10 ,125 ) , new XYZ( 10 ,10 ,
            63 ) ) ;
17.
18.        var eleLst = [ ] ;//2 个三角单元,生成三角单元列表
19.        var t1 = [ ] ,t2 = [ ] ;t1. push( 0 ,1 ,2 ) ;t2. push( 0 ,2 ,3 ) ;
20.        eleLst. push( new Elem( t1 ,0 ) , new Elem( t2 ,0 ) ) ;
21.
22.        var vK = [ ] ;vK. push( 10 ,20 ,30 ,40 ,50 ,60 ,70 ,80 ,90 ,100 ,120 ,130 ) ;//value key
23.        var cK = ColorUtil. getLegendColor( vK. length) ;//color key
24.
25.        ContourUtil. DrawLegend( context ,vK) ;//绘制 Legend
26.        ContourUtil. DrawAll( context ,points ,eleLst ,tsFun ,cK ,vK ,true) ;//绘制 Contour
27.        ContourUtil. ShowCoordnates( context ,tsFun ,400 ,400 ) ;//绘制坐标系
28. }
```

　　运行 CH2Contour. html，绘制结果如图 2-10 所示。

　　值得注意的是，计算机绘图坐标 Y 轴是向下，与我们常用坐标系不同，所以绘图时需要坐标转换。实际上，只要三角形足够小，有限大曲面也可以由三角平面近似拼接而成，所以我们也可以绘制 3D 图形的 Contour，可以参考文献 [13]。文献 [14] 给出了绘制等值线的程序的另一种实现方法。H5 已支持 webGL 标准，可实现网页内高效 3D 硬件加速绘图，绘制 Contour 更加容易和简便。

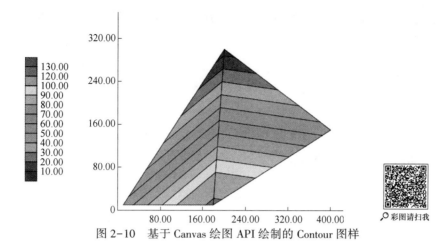

图 2-10　基于 Canvas 绘图 API 绘制的 Contour 图样

2.3.3　矢量图的绘制

矢量图（Vector Map）通常用于描述流场流动情况，矢量图由有限个箭头构成，而箭头通常可用三段线段组合绘制，箭头绘制代码如下：

代码 2-25

```
1.    var arrowAngel = 15 * Math. PI/180;
2.
3.    ContourUtil. DrawArrow = function( pencil, posObj, vecObj) {
4.      pencil. strokeStyle = "#000000";
5.      pencil. lineWidth = 1;
6.
7.      varlength = vecObj. lengthCPLX( );
8.      theta = Math. PI+arrowAngel;
9.      var cplx = new Complex( vecObj. x, vecObj. y);
10.     vecObj. addCPLX( posObj);
11.     var pivot = new Complex( vecObj. x, vecObj. y);
12.     pencil. moveTo( posObj. x, posObj. y);
13.     pencil. lineTo( vecObj. x, vecObj. y);
14.
15.     var arrowLength = length * 0. 2;
16.
17.     cplx. rotateCPLX( theta, arrowLength);
18.     vecObj. addCPLX( cplx);
19.     pencil. lineTo( vecObj. x, vecObj. y);
20.
21.     pencil. moveTo( pivot. x, pivot. y);
22.     cplx. rotateCPLX( -arrowAngel * 2);
23.     pivot. addCPLX( cplx);
24.     pencil. lineTo( pivot. x, pivot. y);
25.
26.     pencil. stroke( );
27.  }
```

指定矢量位置 pos 和矢量 vec，即可调用上述函数绘制矢量图，如下：

```
1.    var pos = new Complex(5,5);
2.    var vec = new Complex(60,80);
3.    var ctx = GetCanvasContext("canvasOne");
4.    ContourUtil. DrawArrow(ctx,pos,vec);
```

运行结果如图 2-11 所示。

2.3.4　使用 Chart. js 绘制曲线

开源库 Chart. js 是一款优秀的图表绘制类库。本书使用
开源 js 库 Chart. js 来绘制线条图（line chart）。

图 2-11　箭头的绘制

现举例实现误差函数 erf（其定义后续给出）及正弦函数的绘制。HTML 文件包含了一个 canvas，用于绘制图表，其中 VisualizeLib 包含了需要调用的 GetCanvasContext 函数，Chart. js 是绘图程序，MathLib. js 中定义了误差函数：

```
1.    <htmllang="en">
2.      <head>
3.        <metacharset="UTF-8">
4.        <title>CH2:lineChart Demo</title>
5.        <scriptsrc="VisualizeLib. js"></script>
6.        <scriptsrc="chart. js"></script>
7.        <scriptsrc="MathLib. js"></script>
8.        <scripttype="text/javascript" src="CH2LineChart. js"></script>
9.      </head>
10.     <body>
11.       <divstyle="position:absolute;top:50px;left:50px;">
12.         <canvasid="canvasOne" width="600" height="400">
13.         Your browser does not support HTML 5 Canvas.
14.         </canvas>
15.         <pid="legend">Legend</p>
16.       </div>
17.     </body>
18.   </html>
```

为了方便线条图的绘制，编写 AssembledChartData 函数用于生成符合 Chart. js 库规范可用的数据源，详细数据格式请参考其 Chart. js 官方网站 www. chartjs. org，此处不赘述。CH2LineChart. js 脚本语言：

```
1.    window. addEventListener("load",main,false);
2.    //该函数最多可生成五条曲线所需数据
3.    function AssembledChartData(x,y,labels,colors){//设定绘图数据、数据标签(legend)及颜色
4.      colors=colors || ["red","blue","green","aqua","lime"];//默认线条颜色为红、蓝、绿、浅绿、橙
5.      var lineChartData={};//绘图需要用到的数据
```

```
6.     lineChartData. labels = x;//X 坐标数组
7.     lineChartData. datasets = [ ];//Y 坐标数组及其特性描述
8.
9.     var len = y. length;//共有 len 条曲线需要绘制
10.    for( var i = 0;i<len;i++) {
11.      var serial = { };//曲线的特性描述对象
12.
13.      serial. label = labels[ i ];//曲线标签,即 Legend
14.      serial. fillColor = "transparent";//设置背景透明
15.      serial. strokeColor = colors[ i ];//线条颜色设定
16.      serial. pointColor = colors[ i ];//线条上点的颜色制定
17.      serial. pointStrokeColor = "#fff";//
18.      serial. pointHighlightFill = "#fff";//
19.      serial. pointHighlightStroke = "rgba( 220,220,220,1)";//
20.      serial. data = y[ i ];//制定 Y 坐标值
21.
22.      lineChartData. datasets. push( serial);
23.    }
24.
25.    return lineChartData;
26.  }
27.
28.  function main( ) {
29.    var x = [ ],y0 = [ ],y1 = [ ];//两条曲线 y0 与 y1 共用 X 坐标值
30.    for( var i = 0;i<100;i++) {
31.      x[ i ] = ( Math. PI * 2 * i/100). toFixed(2);//X 坐标,从 0 到约 6. 28
32.      y1[ i ] = 2 * Math. sin( x[ i ]);//正弦函数计算
33.      y0[ i ] = erf( x[ i ]);//误差函数计算
34.    }
35.
36.    var chartCtx = GetCanvasContext( "canvasOne","2d");
37.    var data = AssembledChartData( x,[ y0,y1 ],[ "erf","sin" ]);//"数据打包"
38.  //创建 chart 并设置数据
39.    var myChart = new Chart( chartCtx). Line( data,{ responsive:true,xLabelsSkip:10,});
40.    var legendLabel = myChart. generateLegend( );//产生 Legend
41.    var legendHolder = document. getElementById( "legend");//Legend 在哪个元素内呈现
42.    legendHolder. innerHTML = legendLabel;//显示 Legend 给客户
43.  }
```

　　要声明的是，本书使用的 Chart. js 在原有基础上做了一些修改。曲线绘制结果如图 2-12 所示。

　　Chart. js 曲线绘制风格，可通过一些参数设定，如 bezierCurve（是否用 bezier 曲线绘制）、scaleShowGridLines（是否显示网格线）、scaleOverride（强制显示 Y 轴标签）、scaleSteps（Y 轴显示标签的个数）、scaleStepWidth（Y 轴标签的距离）和 scaleStartValue（Y 轴起始值）。

　　以上根据已有数据（离线数据）绘制静态曲线，也可以使用 Chart. js 动态添

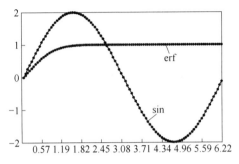

彩图请扫我

图 2-12　基于 Chart. js 绘制的线条图

加数据绘制实时曲线，类似于商业软件 Ansys Fluent 的残差曲线。编写一个类 ResidualMonitor 用于绘制多重曲线，代码如下：

代码 2-29

```
1.   var ResidualMonitor = function( canvasID, type, maxData) {//多曲线类,可用于绘制残差曲线
2.     this. type = type || "Flow2D";//默认为 2D 流动残差曲线
3.     this. maxData = maxData || 50;//默认最多可以容纳 50 个数据
4.
5.     this. ctx = GetCanvasContext( canvasID);//获取绘图窗口对象
6.     this. xData = newArray();//x 坐标数据
7.     this. yData = newArray();//y 坐标系列数据
8.     this. yData[0] = newArray();//y 坐标存放速度残差
9.     this. yData[1] = newArray();//y 坐标存放压力残差
10.    this. yData[2] = newArray();//y 坐标存放连续性方程残差
11.    this. tags = ["Velocity", "Pressure", "Continuity"];
12.
13.    if ( this. type == "Flow2D") {//如果是 2D 流动,添加一个 y 坐标数组,显示 Y 方向速度残差
14.      this. yData[3] = newArray();
15.      this. tags = ["X-Velocity", "Y-Velocity", "Pressure", "Continuity"];
16.    }
17.
18.    this. chartData = AssembledChartData( this. xData, this. yData, this. tags);//生成绘图用数据
19.    this. chart = new Chart( this. ctx). Line( this. chartData, {responsive:true, xLabelsSkip:10, bezierCurve:
       false});//生成图表并显示
20.    this. AddNewRes = AddNewRes;//成员函数,添加一组数据
21.    this. AddNewRes = AddNewRes;//成员函数,添加一组数据
22.    this. ShowLegend = ShowLegend;//成员函数,显示图例
23.  };
24.
25.  function AddNewRes( newResidual, iter) {//成员函数实现,添加一组数据
26.    if ( this. chart. datasets[0]. length>this. maxData) {//如果当前数据个数超过 maxData,则删除数组头
27.      this. chart. removeData();
28.    }
29.
30.      this. chart. addData( newResidual, iter);//添加数据,保持数据个数使用不超过 maxData
```

```
31.    }
32.
33.    function ShowLegend(legendHolder){//成员函数实现,显示图例
34.       var legendLabel = this. chart. generateLegend( );
35.       var legendHolder = document. getElementById(legendHolder);
36.       legendHolder. innerHTML = legendLabel;
37.    }
```

调用该类，绘制多重曲线，代码如下：

代码 2-30

```
1.    function spawnTestData(minV,maxV){//产生介于最小值 minV 和最大值 maxV 之间的随机数
2.       return minV+(maxV-minV) * Math. random( );
3.    }
4.
5.    function testMultiCurvePlot( ){//测试多曲线绘制
6.       var rm=new ResidualMonitor("canvasOne","Flow1D",50);//创建多曲线绘制类的实例 rm,最多↓
7.       var x = rm. xData;//可以容纳 50 个数据
8.
9.       for( var i=0;i<50;i++) {
10.          var data=[spawnTestData(1,5),spawnTestData(4,8),spawnTestData(7,12)];//产生测试随机数据
11.          rm. AddNewRes(data,i);//添加随机数序列
12.       }
13.       rm. ShowLegend( "legend" );//显示图例
14.    }
```

绘制效果如图 2-13 所示。

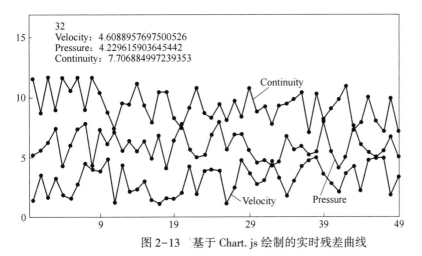

彩图请扫我

图 2-13　基于 Chart. js 绘制的实时残差曲线

2.3.5　js 动态生成报表

动态绘制表格，参考 2.2.5 节。

2.4　本书程序的组织结构及基本程序段说明

　　为提高程序可重用性,编写了 3 个 js 库文件:(1) DelaunayTrianglate. js,用于剖分网格,下一章详细介绍;(2) VisualizeLib. js,包含数据可视化函数,用于绘制 Contour 图、矢量图及曲线图等功能,本章已介绍其大部分内容;(3) MathLib. js,涉及数学运算,如向量运算、复数运算、方程组求解、特殊函数及数值积分等内容,内容散见于各章节。

　　MathLib. js 内容列举如下:

　　(1) 向量运算类:

代码 2-31

```
1.   var VectorUtil = function( ){ } ;//VectorUtil 工具类,实现向量间的基本运算
2.   //向量点积
3.   VectorUtil. DOT = function( a,b){
4.     var result = 0. 0,len = a. length;
5.     for( var i = 0;i<len;i++) result += a[ i ] * b[ i ];
6.     return result;
7.   }
8.   //向量求和
9.   VectorUtil. ADD = function( a,b,result){
10.    var len = a. length;
11.    for( var i = 0;i<len;i++) result[ i ] = a[ i ] +b[ i ];
12.   }
13.   //向量求和及比例运算
14.   VectorUtil. kADD = function( a,b,k,result){
15.    //result = a+k * b
16.    var len = a. length;
17.    for( var i = 0;i<len;i++) result[ i ] = a[ i ] +k * b[ i ];
18.   }
19.   //向量减法
20.   VectorUtil. SUB = function( a,b,result){
21.    var len = a. length;
22.    for( var i = 0;i<len;i++) result[ i ] = a[ i ] -b[ i ];
23.   }
24.   //向量赋值运算
25.   VectorUtil. EQ = function( a,b){
26.    var len = a. length;
27.    for( var i = 0;i<len;i++) a[ i ] = b[ i ];
28.   }
29.   //求向量范数
30.   VectorUtil. NORMAL = function( vector){
31.    var result = 0. 0,len = vector. length;
32.    for( var i = 0;i<len;i++) result += vector[ i ] * vector[ i ];
33.    returnMath. sqrt( result);
34.   }
35.   //向量初始化赋值
```

```
36.    VectorUtil. ASSIGN = function( vector, value) {
37.       var len = vector. length;
38.       for( var i = 0;i<len;i++) vector[ i] = value;
39.    }
40.    //向量值"洗牌",在最大值与最小值之间随机赋值
41.    VectorUtil. SHUFFLE = function( vector, minVal, maxVal) {
42.       if( minVal>maxVal) { var tmp = minVal;minVal = maxVal;maxVal = tmp;}
43.       var len = vector. length;
44.       for( var i = 0;i<len;i++) vector[ i] = ( maxVal−minVal) * Math. random( ) +minVal;
45.    }
46.    //向量元素的最大值
47.    VectorUtil. MAX = function( vector) {
48.       var len = vector. length, max = Number. MIN_VALUE;
49.       for( var i = 0;i<len;i++) if( vector[ i]>max) max = vector[ i];
50.       return max;
51.    }
```

（2）复数类的实现在 2.2.1 节中给出。

（3）特殊函数，如误差函数 erf（ ）及双曲函数等：

代码 2-32

```
1.    function erf( x) {/ * 误差函数 * /return 2/pi_sqrt * Romberg( erfFun,0,x,5,1E-5);}
2.    function erfc( x) {/ * 余补误差函数 * /return 1−erf( x);}
3.    function sinh( x) { return 0.5 * ( Math. exp( x)−Math. exp( −x) );}//
4.    function cosh( x) {/ * 篇幅所限,内容略 * /}
5.    function Romberg( f, start, stop, n, tol) {/ * Romberg 数值积分,篇幅所限,内容略 * /}
```

（4）线性方程组和非线性方程组的求解将在后续给出。

（5）几何函数：

代码 2-33

```
1.    var PointUtil = function( ) { } ;//点的工具类
2.    PointUtil. ORIGIN = { x:0,y:0} ;//定义原点
3.    PointUtil. Quadrant = function( pnt) {/ * 计算点所在笛卡尔坐标系下的象限,内容略 * /}
4.    PointUtil. DistanceP2P = function( pointA, pointB) {/ * 计算两点距离,篇幅所限,内容略 * /}
5.    PointUtil. SlopeP2P = function( pA,pB) {/ * 计算两点斜率,篇幅所限,内容略 * /}
6.    var LineUtil = function( ) { } ;//直线工具类
7.    LineUtil. InclinationAngelOfPoint = function( pnt, radians) {/ * 计算点与原点连线的倾角,篇幅所限,内容
       略 * /}
8.    LineUtil. InclinationAngle = function( pA, pB, radians) {/ * 计算 pA 与 pB 两点构成直线的倾角,内容
       略 * /}
9.    var ArcUtil = function( ) { } ;//弧线根据类
10.   ArcUtil. SeparateArc = function( pA,pB,angle,nDivide) ) {/ * 平分弧线段并返回平分点,内容略 * /}
```

本书的数值求解程序中，网页中除包含上述三个库文件外，还有 Chart. js，以及每个 html 文件对应的 js 文件。

3 前处理之简单 2D 几何图形网格剖分

一个平面（或曲面）可视为无限个稠密且无间隙的点构成，要描述一个有限大的平面上温度分布，必然需要选取平面上有限个点作为温度考察点，这些选取的点和各相邻点之间的拓扑关系就是网格。而有限体积（有限元等）数值计算中，网格剖分不单是将有限大面（或体）分为有限个更小的平面单元（体单元），还要指定各单元的材料属性，单元边或点上的边界条件信息。本章介绍书中使用的一些简单网格及其剖分方法。本书网格均使用内节点网格系统[1]，即节点位于控制体中心。

3.1 简单网格剖分

3.1.1 一维均匀网格

本书中的一维均匀网格示意如图 3-1 所示，n 个节点（编号从 1 到 n）在计算域内均匀分布。需要注意的是，首尾两端的控制体体积为中间节点所在控制体的一半。一般在计算域两侧各设置 1~2 个虚拟节点（图中编号为 0 和编号为 $n+1$ 的节点），便于后续编程处理边界条件。

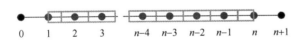

彩图请扫我

图 3-1　一维网格及节点控制体示意图

以下编写了一个一维控制体（节点）类 Node1D，包含了节点位置、东西两侧相邻节点的引用、体积、侧面积等控制体参数：

代码 3-1

```
1.  var Node1D = function(x) {//一维节点(控制体)类,示例
2.    this. x = x;//位置
3.    this. west = null;//西部相邻节点,默认为 null(空)
4.    this. east = null;//东部相邻节点
5.
6.    this. T = 0;//节点当前温度
7.    this. T0 = 0;//节点上一时刻温度值
8.    this. Vol = 0;//控制体体积
```

```
9.    this. lmd_w = 0;//与西部相邻控制体界面的导热系数
10.   this. lmd_e = 0;//与东部相邻控制体界面的导热系数
11.   this. Cp = 0;//控制体比热
12.   this. rho = 0;//控制体密度
13.   this. dx_w = 0;//当前控制体中心与西侧相邻控制体中心的距离
14.   this. dx_e = 0;//当前控制体中心与东侧相邻控制体中心的距离
15.   this. Se = 1;//控制体东侧面积,默认为单位 1
16.   this. Sw = 1;//控制体西侧面积,默认为单位 1
17.   };
```

为了管理上述节点类，再编写一个求解类 Solution，用于批量设置节点参数，如各个控制体的体积、侧面积、空间步长、相邻节点等：

代码 3-2

```
1.    var Solution = function( nodes) {//求解类
2.      if( nodes) this. nodes = nodes;//如果已创建节点则指定已设定的节点
3.      elsethis. nodes = [ ];//如果未创建,则新建节点数组
4.
5.      this. nx = 10;//节点个数
6.      this. dx = 1;//空间步长
7.      this. flowTime = 0;//非稳态情况下,计算时间
8.
9.      this. SetUpGeometryAndMesh = SetUpGeometryAndMesh;//设置计算域及网格
10.     this. Initialize = Initialize;//初始化
11.   };
12.
13. function SetUpGeometryAndMesh( nx, dx) {//成员函数实现
14.     this. nx = nx;//节点个数
15.     this. dx = dx;//网格大小,即空间步长
16.
17.     for( var i = 0;i<nx+3;i++) {
18.       this. nodes[ i] = new Node1D( i * dx-1);//填充节点数组为节点类的实例
19.     }
20.
21.     for( var j = 1;j<=nx+1;j++) {//设置各节点的东西相邻节点
22.       this. nodes[ j]. west = this. nodes[ j-1];
23.       this. nodes[ j]. east = this. nodes[ j+1];
24.     }
25.
26.     for( var k = 1;k<=nx+1;k++) {//设置节点所在控制体的属性
27.       this. nodes[ k]. Vol = dx * 1 * 1;//体积,其他两个维度上的长度为 1
28.       this. nodes[ k]. Se = 1;//控制体东侧面积
29.       this. nodes[ k]. Sw = 1;//控制体西侧面积
30.       this. nodes[ k]. dx_w = dx;//当前控制体中心与西侧相邻控制体中心的距离
31.       this. nodes[ k]. dx_e = dx;//当前控制体中心与东侧相邻控制体中心的距离
32.     }
33. //Patches:首尾两端控制体积为中间部分的一半
34.     this. nodes[ 1]. Vol/ = 2;//index is 1 not 0
35.     this. nodes[ nx+1]. Vol/ = 2;
36.   }
37.
```

```
38.  function Initialize(Tini,Tair){//节点的其他信息初始化
39.     for(var j=1;j<=this.nx+1;j++){
40.        this.nodes[j].T0=Tini;//计算域初始温度值
41.     }
42.
43.     this.nodes[1].T0=Tair;//边界上初始温度值设定
44.  }
```

现在，可以创建 Solution 类的实例，调用其成员函数，即实现了设置控制体的各个参数：

代码 3-3

```
1.   function onSolve(){
2.      var nodes=[];
3.      var solution=new Solution(nodes);//创建求解类的实例,即对象
4.
5.      var nx=50;
6.      var dx=1;
7.      solution.SetUpGeometryAndMesh(nx,dx);//设置计算区域及网格参数
8.
9.      var Tini=0;
10.     var Tair=1;
11.     solution.Initialize(Tini,Tair);//初始化控制体数组
12.  }
```

通过节点类、求解类分别实现了对节点（控制体）、求解过程的封装，便于程序后期维护。

3.1.2　二维矩形区域均匀网格

本书的二维矩形计算域均匀网格（以 5×5 网格为例）剖分如图 3-2（a）所示，节点在计算域内均匀分布，图 3-2（b）所示为图（a）单元节点所对应的控制体。不同处的控制体体积和面积都不尽相同：角上的控制体体

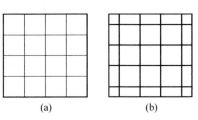

图 3-2　2D 矩形网格及控制体

积为中心区域的 1/4，边界上控制体体积为中心区域的 1/2，最右侧控制体南面的面积为中心区域的一半，最下侧控制体东面面积为中心区域的一半等。

以下编写了一个二维控制体（节点）类 Node2D，包含了节点坐标位置、东西南北相邻节点的引用、体积、侧面积、物性参数等控制体参数：

代码 3-4

```
1.   var Node2D=function(x,y){//二维节点类
2.      this.x=x;//X 坐标
3.      this.y=y;//Y 坐标
4.      this.west=null;//西部相邻节点
5.      this.east=null;//东部相邻节点
6.      this.north=null;//北部相邻节点
```

```
7.    this. south = null;//南部相邻节点
8.
9.    this. T = 0;//节点当前温度
10.   this. T0 = 0;//节点上一时刻或初始温度
11.   this. Vol = 0;//体积
12.   this. lmd = 0;//导热系数
13.   this. lmd_n = 0;//与北部相邻控制体界面处导热系数
14.   this. lmd_s = 0;//与南部相邻控制体界面处的导热系数
15.   this. lmd_w = 0;//与西部相邻控制体界面处的导热系数
16.   this. lmd_e = 0;//与东部相邻控制体界面处的导热系数
17.   this. Cp = 0;//控制体比热
18.   this. rho = 0;//控制体密度
19.   this. dx_w = 0;//当前控制体中心与西侧相邻控制体中心的距离
20.   this. dx_e = 0;//当前控制体中心与东侧相邻控制体中心的距离
21.   this. dy_n = 0;//当前控制体中心与北侧相邻控制体中心的距离
22.   this. dy_s = 0;//当前控制体中心与南侧相邻控制体中心的距离
23.   this. Sn = 1;//控制体北侧面积
24.   this. Ss = 1;//控制南北侧面积
25.   this. Se = 1;//控制体东侧面积
26.   this. Sw = 1;//控制体西侧面积
27.   };
```

同样，创建 Solution 类，实现对二维节点示例数组的操纵：

代码 3-5

```
1.    var Solution = function( nodes) {
2.      if( nodes) this. nodes = nodes;elsethis. nodes = [ ];
3.
4.      this. xDim = 10;//默认 x 方向节点个数
5.      this. yDim = 10;//默认 y 方向节点个数
6.      this. dx = 1;//默认 x 方向空间步长
7.      this. dy = 1;//默认 y 方向空间步长
8.      this. nodeNum = 100;//默认节点总数
9.      this. flowTime = 0;//计算时间
10.
11.     this. SetUpGeometryAndMesh = SetUpGeometryAndMesh;
12.     this. indexFun = indexFun;
13.     this. Initialize = Initialize;
14.   };
15.
16.   function SetUpGeometryAndMesh( nx,ny,dx,dy) {//设置计算域及网格
17.     this. xDim = nx+1;this. yDim = ny+1;this. dx = dx;this. dy = dy;//节点个数及空间步长
18.
19.     var index = 0;
20.     for( var col = 0;col<nx+3;col++) {
21.       for( var row = 0;row<ny+3;row++) {
22.         index = this. indexFun( col,row);
23.         nodes[ index] = new Node2D( ( col-1) * dx,( row-1) * dy);
24.       }
25.     }
26.
```

```
27.    this. nodeNum = nodes. length;
28.
29.    for( var col = 1 ; col<nx+2 ; col++) {
30.      for( var row = 1 ; row<ny+2 ; row++) {
31.        index = this. indexFun( col,row) ;
32.        //设置节点信息
33.        nodes[ index]. east = nodes[ index+1];//相邻节点设置
34.        nodes[ index]. west = nodes[ index−1];
35.        nodes[ index]. north = nodes[ index+this. xDim+2];
36.        nodes[ index]. south = nodes[ index−this. xDim−2];
37.        nodes[ index]. Vol = dx * dy * 1;//体积
38.        nodes[ index]. Se = dy * 1;//各个侧面积
39.        nodes[ index]. Sw = dy * 1;
40.        nodes[ index]. Sn = dx * 1;
41.        nodes[ index]. Ss = dx * 1;
42.        nodes[ index]. dx_w = dx;//与其他控制体距离
43.        nodes[ index]. dx_e = dx;
44.        nodes[ index]. dy_n = dy;
45.        nodes[ index]. dy_s = dy;
46.      }
47.    }
48.    //边步和角部控制体侧面积及体积需要特殊处理
49.    for( var col = 1,row = 1 ; row<ny+2 ; row++) {
50.      index = this. indexFun( col,row) ;
51.      nodes[ index]. Vol/ = 2. 0;
52.      nodes[ index]. Sn/ = 2. 0;
53.      nodes[ index]. Ss/ = 2. 0;
54.    }
55.    //边步和角部控制体侧面积及体积需要特殊处理
56.    for( var col = nx+1,row = 1 ; row<ny+2 ; row++) {
57.      index = this. indexFun( col,row) ;
58.      nodes[ index]. Vol/ = 2. 0;
59.      nodes[ index]. Sn/ = 2. 0;
60.      nodes[ index]. Ss/ = 2. 0;
61.    }
62.    //边步和角部控制体侧面积及体积需要特殊处理
63.    for( var row = 1,col = 1 ; col<nx+2 ; col++) {
64.      index = this. indexFun( col,row) ;
65.      nodes[ index]. Vol/ = 2. 0;
66.      nodes[ index]. Se/ = 2. 0;
67.      nodes[ index]. Sw/ = 2. 0;
68.    }
69.
70.    for( var row = ny+1,col = 1 ; col<nx+2 ; col++) {
71.      index = this. indexFun( col,row) ;
72.      nodes[ index]. Vol/ = 2. 0;
73.      nodes[ index]. Se/ = 2. 0;
74.      nodes[ index]. Sw/ = 2. 0;
75.    }
76.  }
77.
```

```
78.  function indexFun(col,row){ return row * (this. xDim+2)+col;}
79.
80.  function Initialize(Tini){//初始化控制体温度
81.    for( var i=0;i<this. nodeNum;i++){
82.      nodes[i]. T0=Tini;
83.      nodes[i]. T=Tini;
84.    }
85.  }
```

创建 Solution 类的实例，通过调用其成员函数设置计算域大小，剖分网格，初始化控制体参数：

代码 3-6

```
1.   var nodes=[];
2.
3.   function onSolve(){
4.     var solution=new Solution(nodes);//创建求解类的实例对象
5.
6.     var nx=50;var dx=1;var ny=30;var dy=1;
7.     solution. SetUpGeometryAndMesh(nx,ny,dx,dy);//设置计算域,剖分网格
8.
9.     var Tini=300;
10.    solution. Initialize(Tini);//初始化网格温度
11.  }
```

通过 Solution 类的实例就可以完成对控制体的设定，增加了代码可读性。

3.2　Delaunay 算法简介及实现

3.2.1　Voronoi 图及 Delaunay 三角化

对于二维平面上点集 S 内的 p 点，存在一个区域，使得任意一个 S 点集内的 q 点到平面上任意一点 x 的距离都不小于 x 点到 p 点的距离，那么该区域称为点 p 的 Voronoi 区域，如图 3-3(a) 所示。根据参考文献 [15]，无限大二维平面 Voronoi 区域的定义为：

$$V_p = \{x \in R^2, \ \|x - p\| \leqslant \|x - q\|, \ \forall q \in S\} \qquad (3-1)$$

Voronoi 图就是将点集内所有点的 Voronoi 区域合集。显而易见，Voronoi 图是由所有相邻点构成的线段的垂直平分线所组成的连续多边形集合。Voronoi 图的应用非常广泛：假设图 3-3(a) 为某地区的 7 个邮局，按照图中的划分（即根据 Voronoi 算法划分），7 个邮局分别管辖 7 个分区，将使得邮差走路最少。Delaunay 图是 Voronoi 图的对偶图，被中垂线分割的线段所组成的三角单元系列就是 Delaunay 图，如图 3-3(b) 所示。由点集生成 Delaunay 三角单元[15] 系列（普通三角单元不一定是 Delaunay 三角单元）的算法称为 Delaunay 三角剖分算法。关于 Delaunay 相关详细知识请参考文献 [15] 和 [16]，本章集中讲网格剖分。

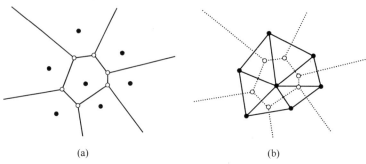

(a)   (b)

图 3-3   Voronoi 图与 Delaunay 图示例[15]

3.2.2   Delaunay 算法

Delaunay 算法可以将点集三角化；Delaunay 算法主要有"局部变换法"与"增量算法"[16]，其中 Bowyer–Watson 算法是一种"增量算法"，步骤为：（1）构造一个包含所有点在内的超级三角形（supertriangle），该三角形即第一个剖分出来的三角单元。（2）将离散点逐个插入，查找包含该点的所有三角形的外接圆，标记这些三角单元。（3）删除第（2）步中所标记的三角单元，连接插入点与第（2）步标记的三角单元节点，形成新的三角单元。（4）插入其他新点，执行步骤（2）和（3），直到插入所有点。（5）删除超级三角形及其边。

本书 Delaunay 三角剖分程序使用了 Paul Bourke 的代码[17] triangulate. c，并参考了 Zachary Forest Johnson 的 Flash ActionScript3 类 Delaunay[18]。该算法提供了两个关键函数：

代码 3-7

```
1.    Delaunay. triangulate = function( nodes) {/ * 篇幅所限, 此处略去 * /} ;
2.    function CircumCircle( xp, yp, x1, y1, x2, y2, x3, y3, circle) {/ * 篇幅所限, 此处略去 * /}
```

其中函数 trianglate 根据输入参数 nodes（点集）依据 Delaunay 算法生成网格单元；辅助函数 CircumCircle 用于判断制定点是否在制定的三角形内接圆内，并返回内接圆圆心和半径。现根据该算法将随机生成的 20 个点所构成的点集进行三角化，并绘制，代码如下：

代码 3-8

```
1.    function main( ) {
2.        var theCanvas = document. getElementById( "canvasOne" ) ;
3.        var context = theCanvas. getContext( "2d" ) ;
4.        //绘制背景
5.        context. fillStyle = "#ffffaa" ;
6.        context. fillRect( 0, 0, 500, 300) ;
7.        //随机生成 20 个点
8.        var points = newArray( ) ;
```

```
9.    for( var p = 1;p<20;p++) {
10.     var pnt = new XYZ( Math. random( ) * theCanvas. width,Math. random( ) * theCanvas. height,0);
11.     points. push( pnt);continue;
12.    }
13.   //根据点集生成网格
14.   var triangles = Delaunay. triangulate( points);//调用 Delaunay 算法由点集生成网格单元
15.   //绘制网格
16.   triangles. forEach( function drawTriangle( tri) {
17.     context. strokeStyle = "#FF0000";
18.     context. lineWidth = 1;
19. //绘制三角单元
20.     context. beginPath( );
21.     context. moveTo( points[ tri. p1]. x,points[ tri. p1]. y);
22.     context. lineTo( points[ tri. p2]. x,points[ tri. p2]. y);
23.     context. lineTo( points[ tri. p3]. x,points[ tri. p3]. y);
24.     context. lineTo( points[ tri. p1]. x,points[ tri. p1]. y);
25.     context. stroke( );
26.     context. closePath( );
27.    });
28. }
```

运行结果如图 3-4 所示，图中有 A、B 和 C 三个点，实际应用过程中，可能存在 AC 边，而剖分结果没有。

参考文献［19］和［20］也给出了 Delaunay 算法实现。

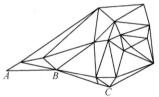

图 3-4　Delaunay 算法
将点集三角化

3.3 基于 Delaunay 算法生成三角单元的尝试

3.3.1 简单平面几何图形的计算机描述

以什么样的数据结构描述计算域几何形状呢？简单地说就是描述边界（轮廓线），由以下信息构成[21]：（1）计算域轮廓线的端点坐标；（2）计算域轮廓线的信息，若轮廓线为线段，则应说明该线段包含哪两个点，若为曲线，还要说明曲线所在圆的圆心角；（3）计算域信息，即计算域是由哪些轮廓线相围而成的。根据这三方面的信息就可以唯一确定计算域了，如下描述了一个正方形计算域，其边长为 1，左下角坐标为原点：

代码 3-9

```
1.  #点阵坐标四个端点(顶点),列出其坐标值。注意:所有编号从 0 开始
2.  (0,0);(1,0);(1,1);(0,1)
3.  #线段,列出每段所包含的端点编号,如第 2 段端点编号为(2 3),查询可知坐标为(1,1);(0,1)
4.  (0 1);(1 2);(2 3);(3 0)
5.  #计算域一个由四条线段相围而成,由上述四边围成
6.  (0 1 2 3)
```

3.3.2　基于 Delaunay 三角化算法剖分简单计算域的尝试

Delaunay 算法剖分所得三角单元的最小角最大化[15]，故网格质量较高，可以用对计算区域进行网格剖分。根据 3.2.2 节内容，Delaunay 算法可以根据点集生成三角单元系列，是否可以在计算域内及计算域边界上添加一些点，再使用 Dealuany 算法根据这些点生成三角单元，如此不久就等于对计算域进行网格剖分了呢？答案是肯定的，但存在一些问题，需要去解决一些问题：

（1）如图 3-5(a) 所示，凹多边形（粗线），如果直接使用 Delaunay 算法，生成的三角单元（细线）可能在计算区域外，所以将凹多边形用辅助线（虚线）分割成数个凸多边形，然后对凸多边形逐个进行网格剖分，如图 3-5(b) 所示。

（2）观察图 3-5(b)，凸多边形的交界面两侧三角单元没有共享节点，一个三角单元的某边上不允许继续插入新节点，所以图 3-5(c) 才是正确的结果。

（3）如何在边界上和区域内添加节点？首先，边界上可以均匀剖分，插入几个等分点；其次，内部如何插入节点？我们知道，网格剖分最终将计算区域剖分为有限个小的区域，遍历所有三角形单元，找出面积最大的三角单元，在其最长边的中点插入节点，不断重复，直到所有三角单元都达到要求（比如最大面积不超过一个阈值），如图 3-5(d) 所示。

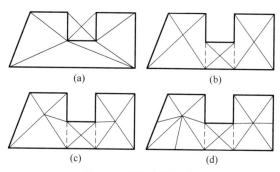

(a)　　　　　　　　　　(b)

(c)　　　　　　　　　　(d)

图 3-5　网格剖分示例

综上，给出使用 Delaunay 算法将 2D 计算域进行网格剖分的步骤：（1）将计算域分成若干凸多边形，对每个凸多边形的边（轮廓线）进行等分，并在点集中插入等分点，对圆弧要使用多段折线代替。尤其注意的是：1）各轮廓线已近剖分完成，不允许再在轮廓线上插入新的点；2）凸多边形间的公共边等分数量一定要相同。（2）使用 Delaunay 算法分别剖分多个凸多边形的网格。（3）由于所有凸多边形间的公共边上的节点是相同的，所以网格可以合并，合并所有凸多边形网格。（4）指定计算域所有边上的边界条件。（5）指定所有三角单元的材料属性。

如上数据结构描述的几何区域使用基于 Delaunay 算法的网格剖分程序：

```
1.    var EPSILON = 0.000001;//误差控制
2.
3.    function meshNode(x,y,z){//网格节点
4.      this.x = x;//X 坐标
5.      this.y = y;//Y 坐标
6.      this.z = z || 0;
7.      this.bcs = newArray();//和该点有关联的边界线
8.    }
9.
10.   function meshElem(p1,p2,p3){//网格三角单元
11.     this.p = newArray(p1,p2,p3);//三角单元节点偏好
12.     this.bc = newArray(3);//三角单元三条边的边界条件编号
13.     this.material = -1;//单元材料编号,默认为 -1
14.     this.area = area;//三角单元求面积的函数
15.     this.checkEdge = checkEdge;//检查边
16.     this.MidPoint = MidPoint;//返回三角单元最长边上的中点
17.   }
18.
19.   function area(points){//根据三角形坐标值求三角单元的面积
20.     var x1 = points[this.p[0]].x;
21.     var y1 = points[this.p[0]].y;
22.     var x2 = points[this.p[1]].x;
23.     var y2 = points[this.p[1]].y;
24.     var x3 = points[this.p[2]].x;
25.     var y3 = points[this.p[2]].y;
26.   //思路为三角形面积等于其任意两条边所在向量的向量积的行列式值的一半
27.     var area = x1 * y2 + x2 * y3 + x3 * y1 - x1 * y3 - x2 * y1 - x3 * y2;
28.     area = Math.abs(area)/2;
29.     return area;
30.   }
31.   //用于插入节点时的检查
32.     function checkEdge(node1,node2){//检查两个节点是否不在一条边上
33.       for(var i = 0;i<node1.bcs.length;i++){
34.         for(var j = 0;j<node2.bcs.length;j++){
35.           if(node1.bcs[i] == node2.bcs[j]) returnfalse;
36.         }
37.     }
38.   //程序关键所在:新的节点不允许插入计算域边界上,因为边界已经剖分完成了
39.     returntrue;
40.   }
41.
42.   function MidPoint(points){//返回三角单元最长边上的中点
43.     var x1 = points[this.p[0]].x;
44.     var y1 = points[this.p[0]].y;
45.     var x2 = points[this.p[1]].x;
46.     var y2 = points[this.p[1]].y;
47.     var x3 = points[this.p[2]].x;
48.     var y3 = points[this.p[2]].y;
49.
50.     var e1 = (x1-x2) * (x1-x2)+(y1-y2) * (y1-y2);
```

```
51.      var e2 = ( x3-x2 ) * ( x3-x2 )+( y3-y2 ) * ( y3-y2 );
52.      var e3 = ( x1-x3 ) * ( x1-x3 )+( y1-y3 ) * ( y1-y3 );
53.
54.      if ( ( e1 >= e2 )&&( e1 >= e3 ) ) {
55.        if( this. checkEdge( points[ this. p[ 0 ] ] ,points[ this. p[ 1 ] ] ) )
56.          returnnew meshNode( ( x1+x2 )/2 ,( y1+y2 )/2 );
57.        elsereturnnull ;
58.      }
59.
60.      if ( ( e2 >= e1 )&&( e2 >= e3 ) ) {
61.        if( this. checkEdge( points[ this. p[ 1 ] ] ,points[ this. p[ 2 ] ] ) )
62.          returnnew meshNode( ( x3+x2 )/2 ,( y3+y2 )/2 );
63.        elsereturnnull ;
64.      }
65.
66.      if( this. checkEdge( points[ this. p[ 0 ] ] ,points[ this. p[ 2 ] ] ) )
67.        returnnew meshNode( ( x1+x3 )/2 ,( y1+y3 )/2 );
68.      elsereturnnull ;
69.    }
70.
71.    function meshEdge( p1 ,p2 ) {//三角单元边
72.      this. p1 = p1 ;//边的第一个节点编号
73.      this. p2 = p2 ;//边的第二个节点编号
74.    }
75.
76.    var CalculationDomains = function( ) {//计算域类,用于对计算域进行网格剖分
77.      this. NumDomain = 0 ;//计算域被分为凸多边形的个数
78.      this. nodeList = newArray( ) ;//最终网格节点数组
79.      this. elemList = newArray( ) ;//最终网格单元数组
80.      this. pNodes = newArray( ) ;//计算域的关键节点数组,描述计算域轮廓
81.      this. pSgmts = newArray( ) ;//计算域的关键边数组,可能为线段也可能为弧线,描述计算域轮廓
82.      this. domains = newArray( ) ;//计算域被分成凸多边形的数组
83.      this. domainDefinitions = newArray( ) ;//凸多边形数组的定义
84.      this. addPrimaryNode = addPrimaryNode ;//添加关键点
85.      this. addPrimarySgmt = addPrimarySgmt ;//添加关键边,即轮廓线
86.      this. addDomainDef = addDomainDef ;//添加凸多边形的属性
87.      this. spawnEachGrids = spawnEachGrids ;//各个凸多边形分别生成网格
88.      this. merge2Grid = merge2Grid ;//合并两个网格
89.      this. mergeGrids = mergeGrids ;//合并多个网格
90.      this. applyBC = applyBC ;//制定边界条件
91.      this. spawnGrid = spawnGrid ;//剖分网格函数
92.      this. drawGrid = drawGrid ;//绘制网格,功能不完善,仅用于调试
93.    }
94.
95.    function addPrimaryNode( obj ) { this. pNodes. push( obj ) ; }//直接添加关键点到数组
96.    function addPrimarySgmt( obj ) { this. pSgmts. push( obj ) ; }//直接添加轮廓线到数组
97.    function addDomainDef( obj ) { this. domainDefinitions. push( obj ) ; }//直接添加凸多边形到数组
98.
99.    function spawnEachGrids( maxArea ) {//制定最大三角单元面积,对各个凸多边形进行网格剖分
100.     for( var sgmts ,i = 0 ; i<this. domainDefinitions. length ; i++ ) {//遍历所有凸多边形的描述
101.       var domain = new SimpleDomain( ) ;//生成一个凸多边形
```

```
102.      sgmts = this. domainDefinitions[i]. sgmts;//凸多边形轮廓赋值给 sgmts
103.      for( var sgmt, pNode1, pNode2, j = 0;j<sgmts. length;j++){//遍历所有轮廓线
104.        sgmt = this. pSgmts[sgmts[j]];//针对某条轮廓线
105.        pNode1 = this. pNodes[sgmt. P1];//得到轮廓线的第一个节点
106.        pNode2 = this. pNodes[sgmt. P2];//得到轮廓线的第二个节点
107.        domain. addNode(new meshNode(pNode1. x, pNode1. y), sgmt. bc);//凸多边形添加节点并给↓
108.        domain. addNode(new meshNode(pNode2. x, pNode2. y), sgmt. bc);//出边界条件
109.        domain. divideSgmt( this. pNodes, sgmt);//将该轮廓线等分,并添加这些等分点
110.      }
111.      domain. generateGrid( maxArea, this. domainDefinitions[i]. mtrl);//凸多边形生成网格并赋材料
112.      this. domains. push( domain);//添加已剖分网格的凸多边形到计算域
113.    }
114. }
115.
116. function merge2Grid( domain1, domain2){//合并第二个网格到第一个
117.   var baseIndex = domain1. nodes. length;//第一套网格的节点个数
118.   var indexMap = newArray( );//程序关键所在:第二套网格节点在合并后网格节点列表中的编号
119. //首先合并单元节点
120.   for( var node1, node2, idx, i = 0;i<domain2. nodes. length;i++){//遍历第二套网格节点
121.     node2 = domain2. nodes[i];//第二套网格中的某一个节点
122.     idx = domain1. checkExist(node2);//检查第一套网格中是否有 node2 这个节点,有的话返回↓
123.     node1 = domain1. nodes[idx];//该节点第一套网格节点数组中的编号/下标
124.     if ( idx >= 0){//包含
125.       indexMap[i] = idx;//更新编号到第一套网格中的编号
126.       for( var j = 0;j<node2. bcs. length;j++){//遍历节点所在轮廓线的信息,并添加到第一套网格节点
127.         node1. bcs. push( node2. bcs[j]);//bcs 可能会有重复元素,但不影响
128.       }
129.     } else {//不包含
130.       indexMap[i] = baseIndex++;//新的编号从第一套网格节点开始递增
131.       domain1. nodes. push(node2);//添加第二套网格的节点到第一套
132.     }
133.   }
134. //其次合并单元格
135.   for( var elem, j = 0;j<domain2. elements. length;j++){//遍历第二套网格所有单元
136.     elem = domain2. elements[j];//针对第二套网格中某一个三角单元
137. //对其三角单元的节点编号根据映射表 indexMap 重新编号
138.     elem. p[0] = indexMap[elem. p[0]];//
139.     elem. p[1] = indexMap[elem. p[1]];//
140.     elem. p[2] = indexMap[elem. p[2]];//
141.   }
142. //第二套网格单元合并到第一套
143.   for( var k = 0;k<domain2. elements. length;k++){//
144.     domain1. elements. push( domain2. elements[k]);//比用 concat( )连接数组节省内存
145.   }
146. }
147.
148. function mergeGrids( ){//合并所有网格
149.   this. NumDomain = this. domains. length;//计算域所包含凸多边形的个数
150.   if( this. NumDomain<1)return;//异常,返回
151.   elseif( this. NumDomain == 1){//只有一个凸多边形,简单处理
152.     this. nodeList = this. domains[0]. nodes;//
```

```
153.      this. elemList = this. domains[0]. elements;//
154.    |else|//多个凸多边形
155.      for( var i = 1;i<this. NumDomain;i++)|//遍历所有凸多边形
156.        this. merge2Grid( this. domains[0],this. domains[i]);//合并所有凸多边形网格到第一套网格
157.      |
158.    |
159. //经过合并网格,第一套网格就是最终计算域网格剖分结果
160.    this. nodeList = this. domains[0]. nodes;//赋值给计算域网格节点
161.    this. elemList = this. domains[0]. elements;//赋值给计算域单元
162.    console. log("Totally",this. nodeList. length,"nodes and ",this. elemList. length," elements generated. ");
163. |
164.
165. function checkBC( nodes,p1,p2)|//返回编号为 p1 和 p2 的点所在线段的边界条件
166.    var nodeA = nodes[p1];//三角单元边的第一个节点
167.    var nodeB = nodes[p2];//三角单元边的第二个节点
168.    for( var i = 0;i<nodeA. bcs. length;i++)|//遍历两个节点所有轮廓线信息
169.      for( var bcA,bcB,j = 0;j<nodeB. bcs. length;j++)|//
170.        bcA = nodeA. bcs[i];
171.        bcB = nodeB. bcs[j];
172.        if( bcA == bcB)return bcA;//如果包含相同轮廓线信息,则线段的边界条件就是轮廓线的
173.      |
174.    |
175.    return -2;//-2 表示内部节点,-1 为内部凸多边形界面,从 0 开始为边界条件编号
176. |
177.
178. function applyBC( )|//检查所有三角单元的边界条件
179.    var nodes = this. nodeList,elems = this. elemList;
180.    for( var elem,p,i = 0;i<elems. length;i++)|//遍历所有单元
181.      elem = elems[i];
182.      p = elem. p;
183.      for( var k,j = 0;j<3;j++)|
184.        k = j+1;if( k>=3)k = 0;
185.        elem. bc[j] = checkBC( nodes,p[j],p[k]);//设置三角单元三条边的边界条件编号
186.      |
187.    |
188. |
189.
190. function spawnGrid( maxArea)|//网格剖分总程序
191.    maxArea = maxArea || 4000;//给最大三角形面积阈值
192.    this. spawnEachGrids( maxArea);//所有凸多边形网格剖分
193.    this. mergeGrids( );//合并网格
194.    this. applyBC( );//添加边界信息
195.    var mesh = | nodes:this. nodeList,elems:this. elemList|;//网格节点和单元
196.    console. log( mesh);
197.    return mesh;//返回网格信息
198. |
199.
200. function drawGrid( context,h)|//绘制网格
201.    var points = this. nodeList;
202.
203.    this. elemList. forEach( function drawTriangle( elem)|//绘制每个三角形
```

```
204.    context. strokeStyle = "#FF0000";
205.    context. lineWidth = 1;
206.
207.    context. beginPath();
208.    context. moveTo( points[ elem. p[0]]. x, h−points[ elem. p[0]]. y);
209.    context. lineTo( points[ elem. p[1]]. x, h−points[ elem. p[1]]. y);
210.    context. lineTo( points[ elem. p[2]]. x, h−points[ elem. p[2]]. y);
211.    context. lineTo( points[ elem. p[0]]. x, h−points[ elem. p[0]]. y);
212.    context. stroke();
213.    context. closePath();
214.    });
215. }
216.
217. var SimpleDomain = function( nodes) {//凸多边形计算域类
218.    this. nodes = nodes ‖ newArray();//网格节点数组
219.    this. elements = newArray();//网格单元数组
220.    this. checkExist = checkExist;//根据两点距离判断节点数组中已存在节点
221.    this. addNode = addNode;//添加节点
222.    this. divideSgmt = divideSgmt;//等分边
223.    this. divideLineSgmt = divideLineSgmt;//等分线段
224.    this. divideArcSgmt = divideArcSgmt;//等分弧线
225.    this. generateGrid = generateGrid;//网格剖分
226. };
227.
228. function checkExist( newNode) {//根据两点距离判断节点数组中已存在节点 newNode
229.    for( var i = 0; i<this. nodes. length; i++) {
230.      if( PointUtil. DistanceP2P( this. nodes[i], newNode)<EPSILON) return i;
231.    }
232.    return −1;//查找失败, 返回−1
233. }
234.
235. function addNode( obj, bc) {//添加节点
236.    var foundNodeIndex = this. checkExist( obj);//
237.    if ( foundNodeIndex >= 0) {//若存在, 这对存在的这个节点↓
238.      this. nodes[ foundNodeIndex]. bcs. push( bc);//则仅添加边界条件信息
239.      return;
240.    }
241.    var node = new meshNode( obj. x, obj. y, 0);
242.    node. bcs. push( bc);
243.    this. nodes. push( node);//若不存在, 直接添加到节点数组
244. }
245.
246. function divideSgmt( pNodes, obj) {//均分轮廓线, 根据轮廓线不同类型, 分别处理
247.    if( obj. type == "Line") this. divideLineSgmt( pNodes, obj);//Line Segment
248.    elseif( obj. type == "Arc") this. divideArcSgmt( pNodes, obj);//Arc Segement
249. }
250.
251. function divideLineSgmt( pNodes, obj) {//均分线段, 等比分点公式的应用
252.    for( var newNode, ratio, pnt, i = 1; i<obj. nDivide; i++) {
253.      ratio = i/obj. nDivide;
254.      pnt = MathUtil. InterpolatePoint( pNodes[ obj. P1], pNodes[ obj. P2], ratio);
```

```
255.    newNode = new meshNode( pnt. x, pnt. y);
256.    newNode. bcs. push( obj. bc);//多余?
257.    this. addNode( newNode, obj. bc);//将等分点添加到节点数组
258.    |
259. |
260.
261. function divideArcSgmt( pNodes, obj) {//均分弧线,向量运算的引用
262.    var newPoints = ArcUtil. SeparateArc( pNodes[ obj. P1], pNodes[ obj. P2], obj. angle, obj. nDivide)
263.    for( var newNode, i = 0; i < newPoints. length; i++) {
264.      newNode = new meshNode( newPoints[ i]. x, newPoints[ i]. y);
265.      newNode. bcs. push( obj. bc);
266.      this. addNode( newNode, obj. bc);//将等分点添加到节点数组
267.    }
268. }
269.
270. function generateGrid( maxArea, mtrl) {//对凸多边形进行网格剖分,并赋予材料
271.    var completed = false, nodes = this. nodes;
272.    var elements = Delaunay. triangulate( nodes);//根据轮廓线上均分点进行初次网格剖分
273.
274.    do{//循环剖分,指导所有三角单元面积小于 maxArea
275.    if ( elements) {
276.      var bigTriangleFound = false;
277.      for( var newNode, i = 0; i < elements. length; i++) {//遍历所有现有三角丹云
278.      if ( elements[ i]. area( nodes) > maxArea) {//有否三角单元面积"超标"
279.        if ( newNode = elements[ i]. MidPoint( nodes)) {
280.          nodes. push( newNode);//如有,插入该三角形最长边的中点
281.          bigTriangleFound = true;//跳出查找
282.          break;
283.        | else
284.          continue;
285.        }
286.      }
287.
288.      if( bigTriangleFound == false) completed = true;//没有大的三角形了,结束网格剖分
289.    }
290.    elements = Delaunay. triangulate( nodes);//调用 Delaunay 算法重新剖分网格
291.    | while( ! completed)
292.
293.    console. log( nodes. length, " nodes and ", elements. length, " elements generated. ");
294.
295.    for( var j = 0; j < elements. length; j++) elements[ j]. material = mtrl;//设置所有单元的材料
296.
297.    this. elements = elements;//保存剖分结果
298. }
299.
300. var Delaunay = function( ) { | };//详见前述参考文献
301.
302. Delaunay. triangulate = function( nodes) {/ * 篇幅所限,此处略去 * /};
303.
304. function CircumCircle( xp, yp, x1, y1, x2, y2, x3, y3, circle) {/ * 篇幅所限,此处略去 * /}
```

例1：矩形 *ABCD* 由两种材料构成，三角形 *BCD* 和三角形 *ABD* 材料分别为 0 和材料 1；*CD*、*DA*、*AB* 和 *BC* 的边界条件分别为 0、1、2 和 3；*BD* 为材料界面，剖分程序如下：

代码 3-11

```
1.    var thisTitle = "2D Delaunay Tranglate Demo 1";
2.
3.    window. addEventListener("load", main, false);
4.
5.    function main() {
6.        document. title = thisTitle;
7.
8.        var context = GetCanvasContext("canvasOne", "2d");
9.        //
10.       var domains = new CalculationDomains();
11.    //给出所有计算域轮廓线端点,设置坐标值
12.       domains. addPrimaryNode({x:0, y:0});
13.       domains. addPrimaryNode({x:300, y:0});
14.       domains. addPrimaryNode({x:300, y:300});
15.       domains. addPrimaryNode({x:0, y:300});
16.    //给出所有轮廓线类型,端点编号,等分数量,边界条件
17.       domains. addPrimarySgmt({type:"Line", P1:0, P2:1, nDivide:8, bc:0});//类型直线
18.       domains. addPrimarySgmt({type:"Line", P1:1, P2:2, nDivide:15, bc:1});//端点分别为1和2
19.       domains. addPrimarySgmt({type:"Line", P1:2, P2:3, nDivide:8, bc:2});//等分8份
20.       domains. addPrimarySgmt({type:"Line", P1:3, P2:0, nDivide:8, bc:3});//边界条件为3
21.       domains. addPrimarySgmt({type:"Line", P1:0, P2:2, nDivide:8, bc:-1});//内部边界,编号为-1
22.    //添加两个凸多边形,并分别设置材料
23.       domains. addDomainDef({sgmts:[0,1,4], mtrl:0});第1个由轮廓线0、1、4围成,材料为0
24.       domains. addDomainDef({sgmts:[4,2,3], mtrl:1});第2个由轮廓线4、2、3围成,材料为1
25.    //剖分网格,
26.       var mesh = domains. spawnGrid(1000);//最大三角单元面积不能超过1000
27.       var points = mesh. nodes;
28.       var triangles = mesh. elems;
29.    //绘制网格
30.       domains. drawGrid(context, 300);
31. }
```

程序运行结果如图 3-6 所示，两种材料所在区域的公共边 *BD* 与两区域契合。

例2：某计算域由等腰直角三角形 *OAB* 和半圆拼接而成，其中 *AB* 为三角形斜边，也是半圆的直径；三角形和半圆的材料分别为 0 和材料 1；半圆弧 *AB*、线段 *OA* 和线段 *OB* 的边界条件分别为 0、1 和 2；*AB* 为材料界面，剖分程序如下：

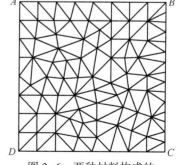

图 3-6　两种材料构成的
正方形区域网格剖分结果

```
1.    var thisTitle = "2D Delaunay Tranglate Demo 2";
2.
3.    window.addEventListener("load", main, false);
4.
5.    function main() {
6.      document.title = thisTitle;
7.
8.      var context = GetCanvasContext("canvasOne", "2d");
9.    //生成计算域对象
10.     var domains = new CalculationDomains();
11.   //添加计算域轮廓线的端点, 分别给出坐标值
12.     domains.addPrimaryNode({x:0, y:0});//
13.     domains.addPrimaryNode({x:300, y:0});//
14.     domains.addPrimaryNode({x:150, y:-150});//
15.   //添加的第一条轮廓线为弧线, 端点分别为 1 和 0, 等分 10 份, 边界条件为 0, 弧线角度为半圆
16.     domains.addPrimarySgmt({type:"Arc", P1:1, P2:0, angle:180, nDivide:10, bc:0});//弧线轮廓线
17.     domains.addPrimarySgmt({type:"Line", P1:0, P2:1, nDivide:15, bc:-1});//直线轮廓线端点为 0 和 1
18.     domains.addPrimarySgmt({type:"Line", P1:1, P2:2, nDivide:8, bc:1});//该轮廓线等分 8 份
19.     domains.addPrimarySgmt({type:"Line", P1:2, P2:0, nDivide:8, bc:2});//该轮廓线边界条件为 2
20.   //添加两个凸多边形, 并分别设置材料
21.     domains.addDomainDef({sgmts:[0,1], mtrl:0});//第 1 个凸多边形由轮廓线 0 和 1 围成, 材料为 0
22.     domains.addDomainDef({sgmts:[1,2,3], mtrl:1});//第 2 个由轮廓线 1、2、3 围成, 材料为 0
23.   //剖分网格
24.     var mesh = domains.spawnGrid(1000);//最大三角单元面积不能超过 1000
25.     var points = mesh.nodes;
26.     var triangles = mesh.elems;
27.   //绘制网格
28.     domains.drawGrid(context, 300);
29.   }
```

　　程序运行结果如图 3-7 所示, 显而易见, 当弧线分段段数增加, 网格界面会更加近似与圆弧。

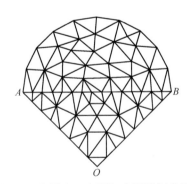

图 3-7　半圆和三角形组合图形剖分结果

　　需要指出: 弧线 {type:" Arc", P1: 1, P2: 0, angle: 180, nDivide: 10, bc: 0} 和弧线 {type:" Arc", P1: 0, P2: 1, angle: 180, nDivide: 10, bc:

0｝为两段完全不同的弧线，两者正好合成一个正圆。

3.4　前处理网格剖分小结

本章程序仅仅只能处理简单图形的网格剖分问题，尚不具备对包含孔洞、凹多边形等复杂几何图形进行网格剖分。复杂网格可以使用 Gmesh（http：// gmsh. info/），它是一款开源的，功能强大的网格剖分程序；参考文献［1］和［4］给出了其他网格剖分技术，另外 poly2tri[22]也是一款优秀的开源网格剖分程序。另外，更多关于 Delaunay 三角剖分的算法请参考文献［15］和［16］。

另外，一个优秀的商业软件，具有用户友好便于操作的图形界面（GUI），例如 ANSYS® CFX、ANSYS® WORKBENCH、ABAQUS® 和 SIMLAB® 等大型商业软件。前处理也包含用户图形界面，这部分内容限于篇幅和作者水平，本书不予讨论。鉴于 HTML5 和丰富的 js 图形图形类库，制作基于 HTML5 的图形界面相对容易一些。

4 传输过程扩散方程数值计算入门

传热是最典型的扩散传输现象，本章主要通过传热现象的数值计算来说明扩散方程的求解。图4-1所示为二维网格和节点示意图，与节点 P 直接相邻的有东南西北四个节点，分别为 E、S、W 和 N，节点 P 所在控制体大小为 $\Delta x \cdot \Delta y \cdot 1$（设控制体另一维度为1），节点 P 所在控制体（形状为六面体）在东南西北四个面的面积分别为 S_e、S_s、S_w 和 S_n，显然 $S_e = S_w = \Delta y \cdot 1$，$S_n = S_s = \Delta x \cdot 1$。

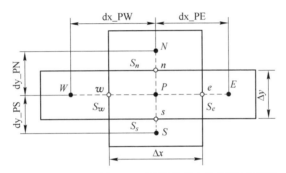

彩图请扫我

图 4-1　网格及节点控制体示意图

如图 4-1 所示，假设控制体 P 仅和与其直接相邻的控制体 E、S、W 和 N 有热量交换，根据傅里叶定律[6]，控制体 P 与四周热量交换为 $\displaystyle\sum_{nb=E,\,W,\,N,\,S} \frac{\lambda_{nb}}{d_{nb}} \cdot$ $(T_{nb} - T_P) \cdot S_{nb}$。式中，$\lambda_{nb}$ 为界面处的导热系数，$J/(m^3 \cdot \mathcal{C})$；$d_{nb}$ 为节点 P 到相邻节点的距离，m；T_P 为节点 P 的温度，$\mathcal{C}$；T_{nb} 为相邻节点的温度，$\mathcal{C}$；S_{nb} 为控制体界面面积，m^2。考虑到控制体内可能有内热源，发热功率为 q（单位为 W/m^3），控制体界面上的净传热量与内热源发热量共同决定了控制体内所包含的热量，故控制体内温度可以由式（4-1）决定：

$$(\rho \cdot c_p \cdot V)_P \cdot \frac{T_P - T_P^0}{\Delta t} = \sum_{nb=E,\,W,\,N,\,S} C_{nb} \cdot (T_{nb} - T_P) \cdot S_{nb} + q \cdot V \quad (4-1)$$

式中，ρ 为控制体的密度，kg/m^3；c_p 为等压比热容，$J/(kg \cdot \mathcal{C})$；V 为体积，m^3；Δt 为时间步长，s；T 为节点温度，$\mathcal{C}$，上标 0 表示上一时刻的值；C_{nb} 为热导（热阻的倒数），$C_{nb} = \lambda_{nb}/d_{nb}$。$d_{nb}$ 在东南西北方向上为如图 4-1 中的 dx_PE、dy_PS、dx_PW 和 dy_PN。特别地，当东西方向网格均匀剖分时，$\Delta x = $ dx_PE $= $ dx_PW；当南北方向网格均匀剖分时，$\Delta y = $ dy_PS $= $ dy_PN。

4.1 一维导热问题

4.1.1 预备知识：TDMA 算法求解三对角方程组

对于线性方程组 $A_{n \times n} x = b$，当整数 i 和 j 列满足 $|i-j| > 1$ 时，所有元素 $A_{i,j} = 0$，则该矩阵组称为三对角矩阵，显然，直观的看，矩阵非 0 元素仅存在于主对角和主对角两侧。三对角方程组求解[23]的 TDMA 算法（The Tridiagonal Matrix Algorithm）求解思路为：先对 A 做 LU 分解[23]，见式（4-2），问题转化为求解方程组 $LUx = b$，令 $Ux = z$，问题进一步转化为求解方程组 $Lz = b$ 的解，求解得到 z 再解方程组 $Ux = z$，得到最终解 x。

$$\begin{bmatrix} A_{1,1} & A_{1,2} & & & \\ A_{2,1} & A_{2,2} & A_{2,3} & & \\ & A_{3,2} & A_{3,3} & \cdots & \\ & & \vdots & \ddots & A_{n-1,n} \\ & & & & A_{n,n} \end{bmatrix} = \begin{bmatrix} L_{1,1} & L_{1,2} & & & \\ & L_{2,2} & L_{2,3} & & \\ & & L_{3,3} & \cdots & \\ & & & \vdots & \ddots & L_{n-1,n} \\ & & & & L_{n,n} \end{bmatrix} \times \begin{bmatrix} U_{1,1} & & & & \\ U_{2,1} & U_{2,2} & & & \\ & U_{3,2} & U_{3,3} & \cdots & \\ & & & \vdots & \ddots & \\ & & & & U_{n,n} \end{bmatrix}$$

$$(4-2)$$

矩阵 L 和 U 都很容易根据 LU 分解[23]算法求解得到；观察矩阵 L，可知方程组 $Lz = b$ 的最后一个未知量最容易求解得到，据此逐行向上回溯消元可以得到 z；观察矩阵 U，可知方程组 $Ux = z$ 的第一个未知量最容易求解得到，据此逐行向下消元可以得到最终解 x。TDMA 算法求解方程组的代码如下：

代码 4-1

```
1.  //行列的编号都是从 1 开始的,而不是 0
2.  function idxA(i,j){return i*2+j-2;}//矩阵元素 A(i,j)在一维数组 AMatix 中的位置
3.  function idxL(i,j){return i+j-2;}//下三角矩阵元素 L(i,j)在一维数组 L 中的位置
4.  function idxU(i,j){return i-1;}//上三角矩阵元素 U(i,j)在一维数组 U 中的位置
5.  function idxb(i){return i-1;}//常数项 b(i)在一维数组 b 中的位置
6.  function idxz(i){return i-1;}//中间变量 z(i)在一维数组 z 中的位置
7.
8.  function SolveByTDMA(dim,A,b,root){
9.    var L=newArray(dim*2-1),U=newArray(dim-1),z=newArray(dim),i=0;//申请内存
10.   //Step 1 计算 L、U、z 矩阵第一个元素
11.   L[idxL(1,1)]=A[idxA(1,1)];
12.   U[idxU(1,2)]=A[idxA(1,2)]/L[idxL(1,1)];
13.   z[idxz(1)]=b[idxb(1)]/L[idxL(1,1)];
14.   //Step 2 计算 L、U、z 矩阵
15.   for(i=2;i<dim;i++){
16.     L[idxL(i,i-1)]=A[idxA(i,i-1)];
17.     L[idxL(i,i)]=A[idxA(i,i)]-L[idxL(i,i-1)]*U[idxU(i-1,i)];
18.     U[idxU(i,i+1)]=A[idxA(i,i+1)]/L[idxL(i,i)];
19.     z[idxz(i)]=(b[idxb(i)]-L[idxL(i,i-1)]*z[idxz(i-1)])/L[idxL(i,i)];
20.   }
21.   //Step 3,此时 i=dim,计算 L、U、z 矩阵最后一个元素
```

```
22.     L[idxL(i,i-1)]=A[idxA(i,i-1)];
23.     L[idxL(i,i)]=A[idxA(i,i)]-L[idxL(i,i-1)]*U[idxU(i-1,i)];
24.     z[idxz(i)]=(b[idxb(i)]-L[idxL(i,i-1)]*z[idxz(i-1)])/L[idxL(i,i)];
25.     //Step 4 得到最后一个未知数的解
26.     root[dim-1]=z[dim-1];
27.
28.     //Step 5 求解 Ux=z,得到方程组的根 root
29.     for(i=dim-1;i>0;i--){
30.       root[i-1]=z[idxz(i)]-U[idxU(i,i+1)]*root[i];
31.     }
32.     return getResidualTDMA(dim,A,b,root);//返回残差
33.  }
34.
35.  function getResidualTDMA(dim,A,b,root){//计算残差 res=||(dot(A,x)-b)||/dot(diag(A),root)
36.     var resNum=newArray(dim),resDen=newArray(dim);//残差的分子和分母
37.     VectorUtil. ASSIGN(resNum,0.0);//分母置 0
38.     for(var row=1;row<=dim;row++){
39.       for(var col=row-1;col<=row+1;col++){
40.         if(col<1) continue;
41.         if(col>dim) continue;
42.         resNum[row-1]+=A[idxA(row,col)]*root[col-1];
43.       }
44.       resNum[row-1]-=b[row-1];
45.       resDen[row-1]=A[idxA(row,row)]*root[row-1];
46.     }
47.
48.     return VectorUtil. NORMAL(resNum)/VectorUtil. NORMAL(resDen);//计算残差
49.  }
```

若求解方程组 $\begin{bmatrix} 1 & 2 & & \\ 2 & 3 & 4 & \\ & 4 & 5 & 6 \\ & & 6 & 7 \end{bmatrix}\begin{bmatrix} x_0 \\ x_1 \\ x_2 \\ x_3 \end{bmatrix}=\begin{bmatrix} 3 \\ 9 \\ 15 \\ 13 \end{bmatrix}$, 程序用法如下:

代码 4-2

```
1.    function testTDMA(){
2.       var A=newArray(0,1,2,2,3,4,4,5,6,6,7,8);/* 第一个元素 0 和最后一个元素 8 不参与运算 */
3.       var b=newArray(3,9,15,13);/* 常数项 */
4.       var root=[];/* Place holder for root */
5.       SolveByTDMA(4,A,b,root);
6.    }
```

4.1.2 显式求解

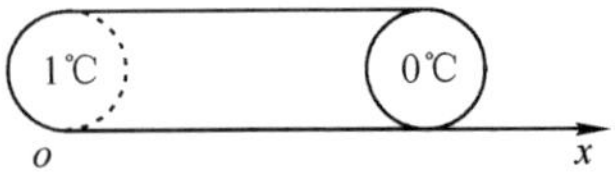

例:试计算图 4-2 中常物性无内热源一维非稳态温度场,其中计算域两端温度分别为 1℃ 和 0℃。

图 4-2 一维导热示意图

在半无限大空间,该问题存在解析解;根据参考文献 [6],温度随空间 x 和

时间 t 的关系见式（4-3）：

$$T(x, t) = 1 - \text{erf}(x/2\sqrt{Dt})\qquad(4-3)$$

式中，erf（ ）为误差函数，表达式为 $\text{erf}(x) = \dfrac{2}{\sqrt{\pi}}\int_0^x e^{-\eta^2}d\eta$，可以使用 Romberg 数值积分[19]计算；D 为热扩散系数，$D = \lambda/(\rho c_p)$。

现在我们通过编程实现温度场计算，假设控制体节点温度是由上一时刻所确定的，去掉第二维的传热影响，若无内热源则式（4-1）写为：

$$(\rho \cdot c_p \cdot V)_P \cdot \frac{T_P - T_P^0}{\Delta t} = \sum_{nb=E,W} C_{nb} \cdot (T_{nb}^0 - T_P^0) \cdot S_{nb}\qquad(4-4)$$

上式中仅有节点温度 T_P 未知，其他温度都是上一时刻的值。程序计算流程为：（1）剖分网格，计算各个节点所在控制体的体积（Vol），面积（Se、Sw），与相邻节点的距离（dx_w，dx_e）。（2）设置材料，计算各个控制体与相邻节点的热导（westConductance，eastConductance），密度（rho），比热容（c_p）。（3）初始化温度场。（4）设置边界条件。（5）对非稳态问题，更新温度场初值（上一次迭代计算结果初始化温度场），给定时间步长和迭代次数根据式（4-4）求解温度场。（6）后处理，将计算结果以可视化的方式呈现出来。

上述流程也是传输过程数值计算时的一般流程。程序实现如下：HTML 文档，声明了需要调用的库文件和该文档的脚本文件，该文档中包含了一个 ID 为"canvasChart"的 canvas 元素用于后处理绘图。

代码 4-3

```
1.    <htmllang="en">
2.     <head>
3.      <metacharset="UTF-8">
4.      <title>CH4：Diffusion 显式</title>
5.      <scriptsrc="MathLib.js"></script>
6.      <scriptsrc="VisualizeLib.js"></script>
7.      <scriptsrc="Chart.js"></script>
8.      <scripttype="text/javascript" src="CH401DiffuExplicit.js"></script>
9.     </head>
10.    <body>
11.     <divstyle="width:500px;height:auto;float:left;display:inline">
12.      <canvasid="canvasChart" width="500" height="400">
13.       Your browser does not support HTML 5 Canvas.
14.      </canvas>
15.      <pid="legend"> Legend </p>
16.     </div>
17.    </body>
18.  </html>
```

实现 1D 显式温度场求解程序如下：

```
1.    var thisTitle = "1D 显示求解";//网页标题
2.    window. addEventListener( "load", main, false );
3.
4.    function SimpleMaterial( lmd, Cp, rho ){//材料
5.      this. lmd = lmd;//导热系数
6.      this. Cp = Cp;//比热
7.      this. rho = rho;//密度
8.    }
9.
10.   var Node1D = function( x ){
11.     this. x = x;//节点的坐标
12.     this. west = null;//当前节点西部的节点
13.     this. east = null;//当前节点东部的节点
14.
15.     this. T = 0;//当前时刻节点的温度
16.     this. T0 = 0;//上一时刻节点的温度
17.     this. Vol = 0;//节点所在控制体的体积
18.     this. lmd_w = 0;//节点所在控制体西侧面上的导热系数
19.     this. lmd_e = 0;//节点所在控制体东侧面上的导热系数
20.     this. Cp = 0;//节点所在控制体的等压热容
21.     this. rho = 0;//节点所在控制体的密度
22.     this. dx_w = 0;//当前节点与其西侧紧邻节点的距离
23.     this. dx_e = 0;//当前节点与其东侧紧邻节点的距离
24.     this. Se = 1;//节点所在控制体东侧面的面积,假设为单位1
25.     this. Sw = 1;//节点所在控制体西侧面的面积,假设为单位1
26.     this. westConductance = 0;//节点所在控制体西侧面上的热导
27.     this. eastConductance = 0;//节点所在控制体东侧面上的热导
28.     this. CalcNext = CalcNext;//成员函数,计算节点下一时刻温度
29.   };
30.   function CalcNext( timeStep ){
31.     var conductionHeat = 0;//导热热量
32.
33.     conductionHeat += this. westConductance * ( this. west. T0−this. T0) * this. Sw;//控制体西部净流入热量
34.     conductionHeat += this. eastConductance * ( this. east. T0−this. T0) * this. Se;////控制体东部净流入热量
35.
36.     var dT = conductionHeat * timeStep;//时间步长内的控制体内能量变化
37.     dT /= this. Vol * this. rho * this. Cp;//计算控制体内温度升高值
38.
39.     this. T = this. T0+dT;//节点下一时刻温度
40.   }
41.
42.   var Solution = function( nodes ){
43.     if( nodes) this. nodes = nodes;//
44.     else this. nodes = [ ];//
45.
46.     this. nx = 10;//将计算域等分的段数
47.     this. dx = 1;//空间步长
48.     this. flowTime = 0;//迭代时间
49.
50.     this. SetUpGeometryAndMesh = SetUpGeometryAndMesh;//设置计算域及网格
```

```
51.    this. ApplyMaterial = ApplyMaterial;//设置材料
52.    this. SetUpBoundaryCondition = SetUpBoundaryCondition;//设置边界条件
53.    this. Initialize = Initialize;//初始化温度场
54.    this. GetLastError = GetLastError;//计算最近 2 次迭代结果的接近程度
55.    this. Solve = Solve;//计算温度场
56.    this. ShowResults = ShowResults;//显示结果
57.    } ;
58.
59.    function SetUpGeometryAndMesh( nx, dx){
60.      this. nx = nx;//将 1D 计算域等分为 nx 段
61.      this. dx = dx;//空间步长
62.
63.      for( var i = 0;i<nx+3;i++){
64.        this. nodes[ i] = new Node1D( i * dx-1);//创建节点数组,并设置其坐标
65.      }
66.
67.      for( var j = 1;j<=nx+1;j++){//设置节点的"左邻右舍"
68.        this. nodes[ j]. west = this. nodes[ j-1];
69.        this. nodes[ j]. east = this. nodes[ j+1];
70.      }
71.
72.      for( var k = 1;k<=nx+1;k++){
73.        this. nodes[ k]. Vol = dx * 1 * 1;//计算节点所在控制体体积
74.        this. nodes[ k]. Se = 1;//计算节点所在控制体东侧换热面积
75.        this. nodes[ k]. Sw = 1;//计算节点所在控制体西侧换热面积
76.        this. nodes[ k]. dx_w = dx;//当前节点与其西部紧邻节点距离
77.        this. nodes[ k]. dx_e = dx;//当前节点与其东侧紧邻节点距离
78.      }
79.    //特殊处理,边界上节点体积为内部节点体积的一半
80.      this. nodes[ 1]. Vol/ = 2;//index is 1 not 0
81.      this. nodes[ nx+1]. Vol/ = 2;
82. }
83.
84. function ApplyMaterial( material){//设置节点材料
85.   for( var j = 1;j<=this. nx+1;j++){
86.     this. nodes[ j]. Cp = material. Cp;
87.     this. nodes[ j]. rho = material. rho;
88.     this. nodes[ j]. lmd_w = material. lmd;
89.     this. nodes[ j]. lmd_e = material. lmd;
90.   //计算节点两侧的热导
91.     this. nodes[ j]. westConductance = this. nodes[ j]. lmd_w/this. nodes[ j]. dx_w;
92.     this. nodes[ j]. eastConductance = this. nodes[ j]. lmd_e/this. nodes[ j]. dx_e;
93.   }
94. }
95.
96. function SetUpBoundaryCondition( ){//设置边界条件,边界上的节点温度值固定
97.   this. nodes[ 1]. westConductance = 0;
98.   this. nodes[ 1]. eastConductance = 0;
99.   this. nodes[ this. nx+1]. westConductance = 0;
100. this. nodes[ this. nx+1]. eastConductance = 0;
101. }
```

```
102.
103. function Initialize(Tini,Tair){//初始化节点温度,并设置节点上的温度
104.     for(var j=1;j<=this.nx+1;j++){
105.         this.nodes[j].T0=Tini;//内部节点温度设置
106.     }
107.
108.     this.nodes[1].T0=Tair;//界面上的温度
109. }
110.
111. function GetLastError(){//计算最近2次迭代结果的接近程度
112.     var e1=0,e2=0;
113.
114.     for(var i=1;i<=this.nx+1;i++){
115.         e1+=(this.nodes[i].T-this.nodes[i].T0)*(this.nodes[i].T-this.nodes[i].T0);
116.         e2+=this.nodes[i].T0*this.nodes[i].T0;
117.     }
118.
119.     if(e2>0)return e1/e2;elsereturnNaN;
120. }
121.
122. function Solve(iterCnt,timeStep){
123.     for(var iter=0;iter<iterCnt;iter++){
124.         for(var i=1;i<=this.nx+1;i++){
125.             this.nodes[i].CalcNext(timeStep);//遍历所有节点,计算各节点下一时间步长后的温度
126.         }
127.
128.         for(var j=1;j<=this.nx+1;j++){
129.             this.nodes[j].T0=this.nodes[j].T;//更新上一时刻温度
130.         }
131.
132.         this.flowTime+=timeStep;//更新时间
133.     }
134. }
135.
136. function ShowResults(){
137.     var x=[],y0=[],y1=[];
138.     for(var i=1;i<=this.nx+1;i++){
139.         x[i-1]=this.nodes[i].x;
140.         y0[i-1]=this.nodes[i].T;
141.         y1[i-1]=1-erf(x[i-1]/2/Math.sqrt(this.flowTime));//解析解结果
142.     }
143.
144.     var chartCtx=GetCanvasContext("canvasChart","2d");
145.     var data=AssembledChartData(x,[y0,y1],["数值解","解析解"]);
146.
147.     var myChart=new Chart(chartCtx).Line(data,{responsive:true,xLabelsSkip:10,/*等其他参数*/});
148.     var legendLabel=myChart.generateLegend();
149.     var legendHolder=document.getElementById("legend");
150.     legendHolder.innerHTML=legendLabel;//显示图例(Legend)
151. }
152.
```

```
153. function onSolve( ) {
154.    var nodes = [ ];
155.    var solution = new Solution( nodes);
156.
157.    var nx = 50, dx = 1;
158.    solution.SetUpGeometryAndMesh(nx,dx);//设置几何体并剖分网格
159.
160.    var lmd = 1, Cp = 1, rho = 1;
161.    var steel = new SimpleMaterial(lmd,Cp,rho);
162.    solution.ApplyMaterial(steel);//设置材料
163.
164.    var Tini = 0, Tair = 1;
165.    solution.Initialize(Tini,Tair);//初始化
166.
167.    solution.SetUpBoundaryCondition( );//设置边界条件
168.
169.    var maxTimeStep = 0.5 * rho * Cp * dx * dx/lmd;/* 计算最大时间步长 */
170.    var timeStep = maxTimeStep * 0.9;
171.    var iterations = 100;
172.
173.    solution.Solve(iterations,timeStep);/* 时间步长 timeStep,迭代 Iterations 次 */
174.
175.    solution.ShowResults( );/* 显示计算结果 */
176. }
177.
178. function main( ){/* 网页脚本程序入口 */
179.    document.title = thisTitle;/* 设置网页标题 */
180.    onSolve( );/* 进入求解函数 */
181. }
```

程序 ShowResults ( ) 将计算得到的数值解与解析解绘制如图 4-3 所示，由于计算参数选取合理，计算结果与解析解符合很好。

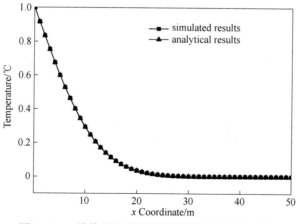

图 4-3　一维传热问题显式迭代求解结果与解析解

传热过程中，显式求解过程的时间步长 Δt 应当满足 $\Delta t < 0.5\Delta x^2/D$ 才能获得有物理意义解[1]。式中，D 为热扩散系数；Δx 为空间步长。

4.1.3　隐式求解

例：试用隐式格式求解第 4.1.2 节的非稳态温度场。假设控制体界面上的传热量完全由当前时刻的温度场决定，若无内热源，则式（4-1）写为：

$$(\rho \cdot c_p \cdot V)_P \cdot \frac{T_P - T_P^0}{\Delta t} = \sum_{nb = E,\ W} C_{nb} \cdot (T_{nb} - T_P) \cdot S_{nb} \qquad (4-5)$$

式（4-5）中仅有 P 点的上一时刻温度为已知，不能使用 4.1.2 节显式方法迭代计算温度场。为便于编写程序，通常将式（4-5）整理为如下格式：

$$a_P T_P = a_E T_E + a_W T_W + b \qquad (4-6)$$

式中，$a_E = \lambda_e S_e / d_e$，$a_W = \lambda_w S_w / d_w$，$a_P = a_E + a_W + a_{P0}$，$b = a_{P0} T_{P0}$，$a_{P0} = \rho \Delta V c_p / \Delta t$。每个控制体有一个形式为式（4-6）的离散代数方程，n 个节点的计算域有 n 个控制体，对应 n 个代数方程，将 n 个方程联立求解就可以得到计算域的温度场。显然，要求解的方程矩阵为三对角对称矩阵，且主对角占优，可用 TDMA 算法求解。以下为实现隐式求解的脚本程序（HTML 文档略，参考 4.1.2 节）：

代码 4-5

```
1.    var thisTitle = "隐式求解";
2.    window. addEventListener("load", main, false);
3.
4.    function SimpleMaterial(lmd, Cp, rho) {/*篇幅所限,此处略去,参考其他章节*/}
5.
6.    var Node1D = function(x) {
7.      this. x = x;
8.      this. west = null; this. east = null;
9.
10.     this. T = 0; this. T0 = 0;
11.     this. Vol = 0; this. lmd_w = 0; this. lmd_e = 0;
12.     this. Cp = 0; this. rho = 0;
13.     this. dx_w = 0; this. dx_e = 0;
14.     this. Se = 1; this. Sw = 1;
15.     this. aE = 0; this. aW = 0; this. aP = 0; this. aP0 = 0; this. b = 0; this. Sc = 0; this. Sp = 0;/*离散方程稀疏*/
16.     this. bcType = 0;//边界条件类型,有 3 类,值可以为 1,2,3
17.
18.     this. ApplyBC1 = ApplyBC1;
19.     this. CalcMatrics = CalcMatrics;
20.   };
21.
22.   function ApplyBC1(value) {//设置第一类边界条件
23.     this. bcType = 1;//设置为第一类
24.     this. aW = 0; this. aE = 0; this. aP = 1; this. b = value;//设置主对角元素为1,常数项为设定边界值
```

```
25.      this. T0 = value;//设定的边界温度值
26.    }
27.
28.    function CalcMatrics( timeStep ){
29.      if( this. bcType ==1) return;//第一类边界条件,已在边界条件函数中处理
30.    //计算代数方程系数
31.      this. aW = this. Sw * this. lmd_w/this. dx_w;
32.      this. aE = this. Se * this. lmd_e/this. dx_e;
33.      this. aP0 = this. rho * this. Cp * this. Vol/timeStep;
34.      this. aP = this. aE+this. aW+this. aP0-this. Sp * this. Vol;
35.      this. b = this. Sc * this. Vol+this. aP0 * this. T0;
36.    }
37.
38.    var Solution = function( nodes ){
39.      if( nodes) this. nodes = nodes;
40.      elsethis. nodes = [ ];
41.
42.      this. nx = 10;this. dx = 1;
43.      this. flowTime = 0;
44.
45.      this. SetUpGeometryAndMesh = SetUpGeometryAndMesh;
46.      this. ApplyMaterial = ApplyMaterial;
47.      this. SetUpBoundaryCondition = SetUpBoundaryCondition;
48.      this. Initialize = Initialize;
49.      this. CombineMatric = CombineMatric;
50.      this. GetLastError = GetLastError;
51.      this. Solve = Solve;
52.      this. ShowResults = ShowResults;
53.    };
54.
55.    function SetUpGeometryAndMesh( nx , dx ){
56.      this. nx = nx;this. dx = dx;
57.
58.      for( var i = 0;i<nx+3;i++){
59.        nodes[ i] = new Node1D( i * dx );
60.      }
61.
62.      for( var j = 1;j<=nx+1;j++){
63.        nodes[ j]. west = nodes[ j-1];
64.        nodes[ j]. east = nodes[ j+1];
65.      }
66.
67.      for( var k = 1;k<=nx+1;k++){
68.        nodes[ k]. Vol = dx * 1 * 1;
69.        nodes[ k]. Se = 1;
70.        nodes[ k]. Sw = 1;
71.        nodes[ k]. dx_w = dx;
72.        nodes[ k]. dx_e = dx;
73.      }
74.
75.      nodes[ 1]. Vol/ = 2;//边界处的控制体体积减半
76.      nodes[ nx+1]. Vol/ = 2;//边界处的控制体体积减半
```

```
77.  }
78.
79.  function ApplyMaterial(material){//设置材料
80.    for(var j=1;j<=this.nx+1;j++){
81.      nodes[j].Cp=material.Cp;
82.      nodes[j].rho=material.rho;
83.      nodes[j].lmd_w=material.lmd;
84.      nodes[j].lmd_e=material.lmd;
85.    }
86.  }
87.
88.  function SetUpBoundaryCondition(){
89.    nodes[1].ApplyBC1(1);
90.    nodes[this.nx+1].ApplyBC1(0);
91.  }
92.
93.  function Initialize(Tini,Tair,timeStep){
94.    for(var j=1;j<=this.nx+1;j++){ nodes[j].T0=Tini;}
95.  }
96.
97.  function CombineMatric(timeStep,AMatric,bRHS){
98.    for(var node,i=1;i<=this.nx+1;i++){
99.      node=this.nodes[i];
100.      node.CalcMatrics(timeStep);//计算该控制体对应的方程的系数 aW、aP、aE 及常数项 b
101.      var baseIndex=3*(i-1);
102.      AMatric[baseIndex]=-node.aW;//主对角西侧紧邻元素
103.      AMatric[baseIndex+1]=node.aP;//主对角元素
104.      AMatric[baseIndex+2]=-node.aE;//主对角东侧紧邻元素
105.      bRHS[i-1]=node.b;//常数项
106.    }
107.  }
108.
109.  function GetLastError(){/*篇幅所限,此处略去,参考其他章节*/}
110.
111.  function Solve(iterCnt,timeStep){
112.    var dim=this.nx+1;
113.    var AMatric=newArray(dim*3);//三对角矩阵的非0元素存放处
114.    var bRHS=newArray(dim);//常数项
115.    var root=newArray(dim);//解
116.
117.    for(var iter=0;iter<iterCnt;iter++){
118.      this.CombineMatric(timeStep,AMatric,bRHS);//计算方程组系数并设置求解的三对角矩阵
119.      SolveByTDMA(dim,AMatric,bRHS,root);//调用 TDMA 算法求解方程组
120.
121.      for(var j=1;j<=dim;j++){
122.        nodes[j].T0=root[j-1];//将计算结果复制到节点信息
123.      }
124.
125.      this.flowTime+=timeStep;
126.    }
127.  }
```

```
128.
129. function ShowResults( ) {/ * 篇幅所限,此处略去,参考其他章节 * /}
130.
131. var nodes = [ ] ;
132. function onSolve( ) {
133.    var solution = new Solution( nodes ) ;
134.
135.    var nx = 50 ; var dx = 1 ;
136.    solution. SetUpGeometryAndMesh( nx , dx ) ;
137.
138.    var lmd = 1 ; var Cp = 1 ; var rho = 1 ;
139.    var steel = new SimpleMaterial( lmd , Cp , rho ) ;
140.    solution. ApplyMaterial( steel ) ;
141.
142.    var Tini = 0 ; var Tair = 1 ;
143.    var maxTimeStep = 0. 5 * rho * Cp * dx * dx/lmd ;//按照隐式格式计算最大时间步长
144.    var timeStep = maxTimeStep * 0. 9 ;
145.    console. log( " timeStep is set to: " +timeStep ) ;
146.    var iterations = 100 ;
147.
148.    timeStep * = 10 ;//增加时间步长
149.    iterations/ = 10 ;//减少迭代次数
150.    solution. SetUpBoundaryCondition( ) ;
151.    solution. Initialize( Tini , Tair , timeStep ) ;
152.    solution. Solve( iterations , timeStep ) ;
153.    solution. ShowResults( ) ;
154. }
155.
156. function main( ) {
157.    document. title = thisTitle ; onSolve( ) ;
158. }
```

将时间步长调整为原时间步长 10 倍, 同时迭代次数调整为原来的 1/10, 计算结果如图 4-4 所示。

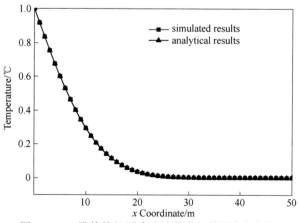

图 4-4 一维传热问题隐式迭代求解结果与解析解

尽管时间步长增加到了原来的 10 倍，计算仍然没有发散，与解析解符合较好，但仍有一定偏差，略劣于 4.1.2 节显式迭代计算的结果。同样可以对显式计算格式（4-4）整理为式（4-6）的形式：

$$a_P T_P = a_E T_E^0 + a_W T_W^0 + b \tag{4-7}$$

式中，$a_E = \lambda_e S_e / d_e$，$a_W = \lambda_w S_w / d_w$，$a_P = a_E + a_W + a_{P0}$，$b = a_{P0} T_{P0}$，$a_{P0} = \rho c_p / \Delta t$。可见与隐式迭代系数完全相同，不同之处在于显式迭代格式（4-7）中只有一个未知数，无需联立方程组求解。

4.1.4 Crank-Nicholson 格式

显式格式计算受限于时间步长，隐式格式虽不受时间步长约束，但求解精度略低，有没有折中的方法？有！Crank-Nicholson（C-N）格式综合了隐式和显式的迭代格式，将隐式迭代方程乘以比例 $f(0 < f < 1)$，显式迭代方程乘以 $1-f$，相加，如式（4-8）（特别地，当 $f=0.5$ 时即得到 C-N 格式的迭代格式）：

$$
\begin{aligned}
(a_P^E T_P = a_E^E T_E + a_W^E T_W + b^E) &\times (1 - f) \\
+ (a_P^I T_P = a_E^I T_E + a_W^I T_W + b^I) &\times f \\
\hline
= a_P^{CN} T_P = a_E^{CN} T_E + a_W^{CN} T_W + b &
\end{aligned}
\tag{4-8}
$$

式中，上标 E 为显式迭代格式时的系数；上标 I 为隐式计算格式时的系数。式中，内热源 $q = S_C + S_P T_P$（后期详细讨论），$a_E^{CN} = \lambda_e S_e / (\delta x)_e$，$a_W^{CN} = \lambda_w S_w / (\delta x)_w$，$a_P^{CN} = a_P^{0,\,CN} + f(a_E + a_W - S_P \Delta V)$，$b^{CN} = S_C \Delta V + a_P^{0,\,CN} T_P^0 + (1 - f)(S_P \Delta V - a_E - a_W) T_P^0 + (1 - f)(a_E T_E^0 + a_W T_W^0)$，$a_P^{0,\,CN} = \rho c_p \cdot \Delta V / \Delta t$。

例：试用 C-N 格式求解 4.1.2 节中的非稳态温度场。实现程序的 HTML 文档略，参考 4.1.2 节；修改 4.1.3 节中的计算系数矩阵的 CalcMatrics 函数，以下为实现 C-N 格式求解的关键脚本：

代码 4-6

```
1.    function CalcMatrics( timeStep,f) {
2.        if( this. bcType == 1) return;//比例的默认值为 0.5,此时为 C-N 格式
3.        f=f || 0.5;
4.        this. aW = this. Sw * this. lmd_w/this. dx_w;
5.        this. aE = this. Se * this. lmd_e/this. dx_e;
6.        this. aP0 = this. rho * this. Cp * this. Vol/timeStep;
7.        this. aP = f * this. aE+f * this. aW+this. aP0-f * this. Sp * this. Vol;
8.
9.        this. b = this. Sc * this. Vol+this. aP0 * this. T0;
10.       this. b+= (1-f) * ( this. Sp * this. Vol-this. aE-this. aW) * this. T0;
11.       this. b+= (1-f) * ( this. aE * this. east. T0+this. aW * this. west. T0);
12.
13.       this. aW * = 0.5;
14.       this. aE * = 0.5;
15.   }
```

计算结果与解析解如图4-5所示，可见吻合较好。

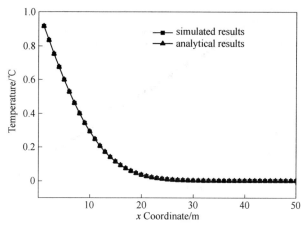

图4-5 一维传热问题 C-N 迭代求解结果与解析解

4.1.5 稳态问题

当式（4-1）中的时间步长 Δt 趋于 $+\infty$，计算域内的温度场若趋于恒定，则称为稳态温度场，显然此时式（4-1）左侧为0，此时的迭代方程与物性参数密度和比热容无关，甚至与导热系数无关。无内热源时，隐式迭代方程式（4-6）中的 b 和 a_{P0} 为0，稳态温度场隐式迭代公式如下：

$$a_P T_P = a_E T_E + a_W T_W \tag{4-9}$$

式中，各个系数计算同式（4-6），而稳态时 $a_P = a_E + a_W$，可见中间节点为相邻节点的加权平均。特别地，网格均匀、无内热源常物性时中间节点温度为相邻节点的平均值，二维甚至三维情形都类似。

例：试计算 4.1.2 节算例中的稳态温度场。实现程序的 HTML 文档略，参考 4.1.2 节，修改 4.1.3 节中的计算系数矩阵的 CalcMatrics 函数，以下为实现稳态温度场求解的部分脚本程序：

代码4-7

```
1.  function CalcMatrics( timeStep, steadyState = false) {
2.    if( this. bcType == 1) return;
3.
4.    this. aW = this. Sw * this. lmd_w/this. dx_w;
5.    this. aE = this. Se * this. lmd_e/this. dx_e;
6.    this. aP0 = steadyState? 0: this. rho * this. Cp * this. Vol/timeStep;
7.    this. aP = this. aE + this. aW + this. aP0 - this. Sp * this. Vol;
8.    this. b = this. Sc * this. Vol + this. aP0 * this. T0;
9.  }
```

对于物性参数均匀的一维导热体，两端边界温度固定，则稳态时，导热体上温度呈线性分布。计算结果与解析解吻合很好，如图4-6所示。

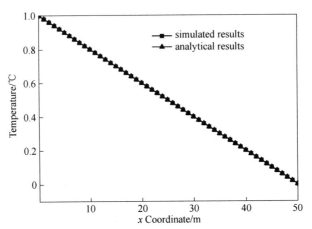

图4-6   一维稳态传热问题数值计算求解结果与解析解

4.1.6 内热源、多材质及边界条件的处理

本节探讨有内热源，包含多种材料及边界条件的处理。通常将源项做线性化处理，式（4-1）中的源项 q（单位为 W/m^3）可以简化为 $q = S_C + S_P T_P$，式中，S_C 为常数，S_P 为斜率，为了保证离散后的代数方程对角占优，要求 $S_P \leqslant 0$。式（4-1）可写成：

$$(\rho \cdot c_p \cdot V)_P \cdot \frac{T_P - T_P^0}{\Delta t} = \sum_{nb = E,\ W} C_{nb} \cdot (T_{nb} - T_P) \cdot S_{nb} + (S_C - S_P T_P) \cdot V$$

$$(4\text{-}10)$$

将上式整理为式（4-6）的形式，则系数 $a_E = \lambda_e S_e/d_e$，$a_W = \lambda_w S_w/d_w$，$a_{P0} = \rho \Delta V c_p/\Delta t$，$a_P = a_E + a_W + a_{P0} - S_P \Delta V$，$b = a_{P0} T_{P0} + S_C \Delta V$。

综上，通过线性化处理，将源项对温度场的影响简化为修改 b 和 a_{P0}。现在讨论边界条件：第一类边界条件，即计算域某边界上节点为固定温度，不需要求解；第二类和第三类边界条件都可以将其等效为源项（内热源），即"附加源项法"[1]，将边界节点当做内部节点处理。如图4-7所示的边界节点 P 所在的控制体，有热量 Q（单位为 W）输入。

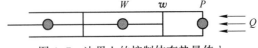

图4-7   边界上的控制体有热量传入

若边界为第二类边界条件，给定边界给定热流强度 q_{bound}（单位为 W/m^2），则对于 P 节点的热源源项 $q = S_C + S_P T_P = q_{bound} \cdot S_e / \Delta V$，显然 $S_C = q_{bound} \cdot S_e / \Delta V$，$S_P = 0$；

程序实现时，令 P 节点的 $a_E = 0$，令 P 节点的 $S_C = q_{\text{bound}} \cdot S_e / \Delta V$，$S_P = 0$ 即可。

若边界为第三类边界条件，给定边界处的对流换热系数 α（单位为 W/$(\text{m}^2 \cdot \text{℃})$）和环境换热温度 T_{env}（单位为℃）。则对于 P 节点的热源源项 $q = S_C + S_P T_P = \alpha(T_{\text{env}} - T_P) \cdot S_e / \Delta V$，显然 $S_C = \alpha T_{\text{env}} \cdot S_e / \Delta V$，$S_P = -\alpha S_e / \Delta V$；程序实现时，令 P 节点的 $a_E = 0$，令 P 节点的 $S_C = \alpha T_{\text{env}} \cdot S_e / \Delta V$，$S_P = -\alpha S_e / \Delta V$ 即可。

如果计算域包含多种材料，如何处理？若将材料界面作为控制体的界面，如图 4-8 所示，界面左侧为材料 1，右侧为材料 2。控制体 W 左侧面处的导热系数为材料 1 的导热系数，控制体 E 右侧面处的导热系数为材料 2 的导热系数，控制体 W 右侧面（同为控制体 E 左侧面和材料界面）处的导热系数如何确定？

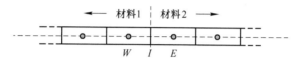

图 4-8 包含两种材料的一维控制体示意

稳态时，热流处处相等，有 $\dfrac{T_W - T_I}{\lambda_1 / d_{WI}} = \dfrac{T_I - T_E}{\lambda_2 / d_{IE}} = \dfrac{T_W - T_E}{\lambda_I / d_{WE}}$，可以得到界面处的等效导热系数为：

$$\lambda_I = \frac{d_{WE}}{d_{WI} / \lambda_1 + d_{IE} / \lambda_2} \tag{4-11}$$

可见界面处的等效导热系数为两种材料的加权调和平均值。特别地，网格均匀时为调和平均值。若将节点设置在材料界面处，也通过计算等效比热及等效密度进行计算。

例：试编程计算如图 4-9 中由四个长度为 12.5m 的无间隙拼接而成的导热体的温度场分布，一端温度为 0℃，另一端恒定热流 $Q = 1\text{W/m}^2$。

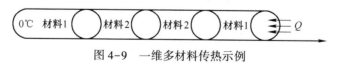

图 4-9 一维多材料传热示例

程序实现的关键在于修改不同材料界面处的物性参数、控制体体积等参数；篇幅所限，材料物性参数在程序中给出。程序实现如下：

代码 4-8

```
1.   var thisTitle = "多材质 & 边界条件设置";
2.   window. addEventListener("load", main, false);
3.
4.   function BC(type = 1) {//边界条件类
5.     this. type = type;//边界条件类型，值可为 1, 2 和 3.
6.     this. value = 0;//第 1 类时表示边界温度值，第二类时表示边界热流值，第三类时表示换热温度
7.     this. alpha = 1;//仅第三类边界条件时有用，表示对流换热系数
```

```
8.     }
9.
10.    function SimpleMaterial( lmd , Cp , rho ) { / * 篇幅所限,此处略去,参考其他章节 * / }
11.
12.    var Node1D = function( x ) {
13.      this. x = x; this. west = null; this. east = null;
14.
15.      this. T = 0; this. T0 = 0; this. Vol = 0;
16.      this. lmd_w = 0; this. lmd_e = 0; this. Cp = 0; this. rho = 0;
17.      this. dx_w = 0; this. dx_e = 0; this. Se = 1; this. Sw = 1; this. aE = 0;
18.      this. aW = 0; this. aP = 0; this. aP0 = 0; this. b = 0; this. Sc = 0; this. Sp = 0;
19.      this. bcIndex = -1;
20.
21.      this. ApplyBC = ApplyBC; this. CalcMatrics = CalcMatrics;
22.    };
23.
24.    function ApplyBC( index , steadyState = flase) { //处理边界条件
25.      var bc = BCList[ index ];
26.
27.      this. bcIndex = index;
28.
29.      if ( bc. type == 1) { //第一类边界条件,控制体对应方程仅主对角和常数项值非 0
30.        this. aW = 0;
31.        this. aE = 0;
32.        this. aP = 1;
33.        this. b = bc. value;
34.        this. T0 = bc. value;
35.        this. T = bc. value;
36.        return;
37.      } elseif( bc. type == 2) { //第二类边界条件
38.        this. aW = this. Sw * this. lmd_w/this. dx_w;
39.        this. aE = 0;
40.        this. aP0 = steadyState? 0; this. rho * this. Cp * this. Vol/timeStep;
41.        this. Sc+ = bc. value * this. Se/this. Vol;
42.        this. aP = this. aE+this. aW+this. aP0-this. Sp * this. Vol;
43.        this. b = this. Sc * this. Vol+this. aP0 * this. T0;
44.        return;
45.      } elseif( bc. type == 3) { //第三类边界条件
46.        this. aW = this. Sw * this. lmd_w/this. dx_w;
47.        this. aE = 0;
48.        this. aP0 = steadyState? 0; this. rho * this. Cp * this. Vol/timeStep;
49.        this. Sc+ = bc. value * bc. alpha * this. Se/this. Vol;
50.        this. Sp+ = -bc. alpha * this. Se/this. Vol;
51.        this. aP = this. aE+this. aW+this. aP0-this. Sp * this. Vol;
52.        this. b = this. Sc * this. Vol+this. aP0 * this. T0;
53.      }
54.    }
55.
56.  function CalcMatrics( timeStep , steadyState = false) { }
57.  var Solution = function( nodes ) { / * 篇幅所限,此处略去,参考其他章节 * / };
58.  function SetUpGeometryAndMesh( nx , dx ) { }
```

```
59.
60. function ApplyMaterial( mtrl01, mtrl02) {
61.   for( var j=1; j<=this. nx+1; j++) {//材料1
62.     nodes[j]. Cp=mtrl01. Cp;
63.     nodes[j]. rho=mtrl01. rho;
64.     nodes[j]. lmd_w=mtrl01. lmd;
65.     nodes[j]. lmd_e=mtrl01. lmd;
66.   }
67.
68.   for( var j=13; j<=37; j++) {//材料2
69.     nodes[j]. Cp=mtrl02. Cp;
70.     nodes[j]. rho=mtrl02. rho;
71.     nodes[j]. lmd_w=mtrl02. lmd;
72.     nodes[j]. lmd_e=mtrl02. lmd;
73.   }
74.
75.   var avg_lmd=2/( 1/mtrl01. lmd+1/mtrl02. lmd) ;
76. //不同材料界面处控制体东西侧面的导热系数
77.   nodes[12]. lmd_e=avg_lmd;
78.   nodes[13]. lmd_w=avg_lmd;
79.   nodes[37]. lmd_e=avg_lmd;
80.   nodes[38]. lmd_w=avg_lmd;
81.   }
82.
83.   function SetUpBoundaryCondition( ) {
84.     nodes[1]. ApplyBC(0, true) ;
85.     nodes[this. nx+1]. ApplyBC(1, true) ;
86.   }
87.
88.   function Initialize( Tini, Tair, timeStep) {
89.     for( var j=1; j<=this. nx+1; j++) { nodes[j]. T0=Tini; nodes[j]. T=Tini; }
90.   }
91.
92.   function CombineMatric( timeStep, AMatric, bRHS, steadyState) {/ * 篇幅所限,略去,参考其他章节 */}
93.   function GetLastError( ) {/ * 篇幅所限,此处略去,参考其他章节 */}
94.
95.   function Solve( iterCnt, timeStep, steadyState) {
96.     var dim=this. nx+1;
97.     var AMatric=newArray( dim * 3) ;
98.     var bRHS=newArray( dim) ;
99.     var root=newArray( dim) ;
100.
101.    for( var iter=0; iter < iterCnt; iter++) {
102.      this. UpdateOld( ) ;//更新 T0
103.      this. CombineMatric( timeStep, AMatric, bRHS, steadyState) ;//求解迭代方程的系数矩阵
104.      SolveByTDMA( dim, AMatric, bRHS, root) ;//调用 TDMA 求解方程组
105.      console. log( iter, AMatric, bRHS, root) ;//输出调试信息
106.      for( var j=1; j<=this. nx+1; j++) {
107.        nodes[j]. T=root[j-1] ;//更新温度场
108.      }
109.
```

```
110.      if( steadyState) this. flowTime+=timeStep;
111.
112.      var error=this. GetLastError( );//计算迭代误差
113.      console. log( error);
114.      if ( error<1E-6){//若误差小于 1E-6,则收敛,退出迭代
115.        alert("Solution Done in ", iter," iterations with ", error);
116.        break;
117.      }
118.    }
119. }
120.
121. function UpdateOld( ){//更新温度
122.    for( var j=1;j<=this. nx+1;j++){ nodes[j]. T0=nodes[j]. T;}
123. }
124.
125. function ShowResults( ){/* 篇幅所限,此处略去,参考其他章节 */}
126.
127. var nodes=[ ];var BCList=[ ];//边界条件数组,存储边界条件
128.
129. function onSolve( ){
130.    var solution=new Solution( nodes);
131.
132.    var nx=50;var dx=1;
133.    solution. SetUpGeometryAndMesh( nx, dx);
134.
135.    var mtrl01=new SimpleMaterial(1,1,1);//材料 1
136.    var mtrl02=new SimpleMaterial(10,4,25);//材料 2
137.    solution. ApplyMaterial( mtrl01, mtrl02);//存储到数组,供程序调用
138.
139.    var Tini=0;var Tair=1;var timeStep=0. 1;var iterations=3;
140.
141.    var bc01=new BC(1),bc02=new BC(2);//定义 bc01 为第一类边界条件,bc02 为第二类边界条件
142.    bc01. value=0;bc02. value=1;//第 1 类边界条件的边界温度为 0;第 2 类边界条件的热流强度为 1
143.    BCList. push( bc01,bc02);//存储到数组,供程序调用
144.
145.    solution. SetUpBoundaryCondition( );
146.    solution. Initialize( Tini,Tair,timeStep);
147.    var steadyState=true;
148.    solution. Solve( iterations,timeStep,steadyState);
149.    solution. ShowResults( );
150. }
151.
152. function main( ){
153.    document. title=thisTitle;onSolve( );
154. }
155.
156. function analyticalResult( x){
157.    if( x<12. 5) return x;
158.    elseif( x<37. 5) return 0. 1 * x+10. 25;
159.    elsereturn x-22. 5;
160. }
```

根据串联电路电流处处相同的思路，计算域处处热流相同，有 $Q = \dfrac{T_{bc} - T_2}{d/\lambda_2} = \dfrac{T_2 - T_1}{2d/\lambda_2} = \dfrac{T_1 - 0}{d/\lambda_1}$。式中，$T_{bc}$ 为计算域右侧边界温度；T_1，T_2 为分别为计算域两处界面处的温度；λ_1，λ_2 分别为材料 1 和材料 2 的导热系数；d 为单根材料的长度。计算结果如图 4-10 所示。

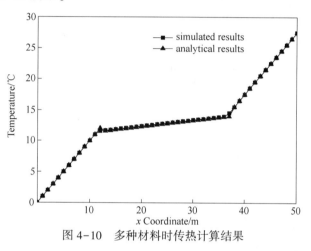

图 4-10 多种材料时传热计算结果

4.1.7 非线性材料

当材料的物性参数随温度变化时，离散方程式（4-6）的系数也随温度变化，故每次迭代计算时需要更新物性参数，在每个时间步长里温度场收敛了，才能进入下一时间步长的迭代。

非线性材料的非稳态传热问题在某个时间步长内的迭代计算思路为：（1）根据上一次迭代计算得到的温度（第一次迭代之前应该是初始化温度）计算（更新）物性参数；（2）根据新物性参数计算温度场；（3）计算当前时间步长内结果是否收敛；（4）若收敛，进入下一时间步长迭代计算，若不收敛，继续更新物性参数，迭代计算温度场，直到收敛。如何判断在某个时间步长里温度场是否收敛？可以根据式（4-12）评估最近两次结果的偏差，若偏差小于某阈值 ε，则可以认为收敛。

$$\sqrt{\frac{(T_1 - T_1^0)^2 + (T_2 - T_2^0)^2 + \cdots + (T_n - T_n^0)^2}{T_1^2 + T_2^2 + \cdots + T_n^2}} < \varepsilon \qquad (4\text{-}12)$$

式中，T 代表温度；上标 0 表示上一次温度场计算结果。

例：求解 4.1.2 节的非稳态导热，其中材料导热系数 λ 与温度关系 T 为 $\lambda = 1 + T^2$。

程序实现的关键在于及时更新物性参数：基于 4.1.6 节中的程序，修改

Solve 函数，添加用于更新物性参数的 UpdateProperties 函数。以下为本节温度场求解的部分脚本程序：

代码 4-9

```
1.    function UpdateProperties( ) {
2.      for( var i = 1; i <= this. nx+1; i++) {
3.        var node = nodes[ i ];
4.        node. lmd = 1+node. T0 * node. T0;
5.      }
6.
7.      for( var i = 1; i <= this. nx+1; i++) {
8.        var node = nodes[ i ];
9.        node. lmd_e = 2/( 1/node. lmd+1/node. east. lmd) ;
10.       node. lmd_w = 2/( 1/node. lmd+1/node. west. lmd) ;
11.     }
12.   }
13.
14.  function Solve( iterCnt, timeStep, steadyState) {
15.    var maxSweep = 50, error = 0dim = this. nx+1;
16.    var AMatric = newArray( dim * 3) , bRHS = newArray( dim) root = newArray( dim) ;
17.
18.    for( var iter = 0; iter < iterCnt; iter++) { //外迭代, 时间推进
19.    for( var i = 0; i<maxSweep; i++) { //内迭代, 时间不推进, 内迭代收敛才进入下一时刻外迭代
20.        this. UpdateOld( ) ;
21.        this. UpdateProperties( ) ;
22.        this. CombineMatric( timeStep, AMatric, bRHS, steadyState) ;
23.        SolveByTDMA( dim, AMatric, bRHS, root) ;
24.
25.        for( var j = 1; j <= this. nx+1; j++) { nodes[ j ]. T = root[ j-1 ] ; }
26.        error = this. GetLastError( ) ;
27.        console. log( "iter/sweep is (", iter+1, "/", i+1, ") and error is ", error) ;
28.        if( error<1E-4) break ;
29.      }
30.
31.      if( steadyState) this. flowTime+ = timeStep ;
32.      if ( error<1E-6) {
33.        console. log( "Solution Done within ", iter, "iterations with error", error) ;
34.        break ;
35.      }
36.    }
37.  }
```

程序计算结果如图 4-11 所示。

4.1.8　非均匀网格

如图 4-12 中计算域由两种材料构成，在材料 1 和材料 2 所在区域分别进行网格剖分，材料界面处有共同节点 P，W 节点位于材料 1 内，E 节点位于材料 2 内。这样，节点 P 所在控制体由材料 1 和材料 2 构成，其他节点都只由一种材料

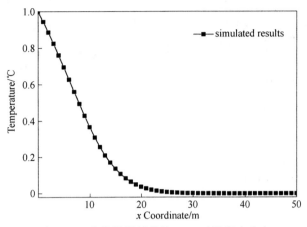

图 4-11 非线性材料传热 100s 时的温度分布

构成。节点 P 所在控制体东西两侧面的等效导热系数可由前述加权调和平均值计算。控制体 P 的等效密度 $\rho_{P,\text{eff}}$ 和等效比热分别为：

$$\rho_{P,\text{ eff}} = \frac{\rho_1 V_1 + \rho_2 V_2}{V_1 + V_2} = \frac{\rho_1 d_{WP} + \rho_2 d_{PE}}{d_{WE}} \tag{4-13}$$

$$C_{P,\text{ eff}} = \frac{Q}{m\Delta T} = \frac{\rho_1 V_1 C_1 + \rho_2 V_2 C_2}{\rho_1 V_1 + \rho_2 V_2} = \frac{\rho_1 C_1 d_{WP} + \rho_2 C_2 d_{PE}}{\rho_1 d_{WP} + \rho_2 d_{PE}} \tag{4-14}$$

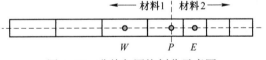

图 4-12 非均匀网格剖分示意图

　　例：试编程计算由两根长 20m 的壁面绝热的圆柱形导热材料无缝拼接而成的材料温度场，如图 4-13 所示，一端温度为 0℃，另一端恒定热流 $Q = 1\text{W/m}^2$，材料 1 和 2 所在计算域的网格大小分别为 1m 和 0.5m。

图 4-13 非均匀网格温度场计算示例

　　基于 4.1.6 节中的程序，修改设置计算域及网格参数的 SetUpGeometryAndMesh 函数，程序关键在于设置界面附近控制体物性参数，及其体积等参数，以下为本节温度场求解的部分脚本程序：

代码 4-10

```
1.   function SetUpGeometryAndMesh( nx , dx ) {
2.   this. nx = nx ; this. dx = dx ;
3.
4.   var x = 0 , ratio = 1 ;
```

```
5.    for( var i = 0;i<nx+3;i++) {
6.      if(i<22) x += dx;else x += dx/2.0;
7.      nodes[ i] = new Node1D( x) ;
8.    }
9.
10.   for( var j = 1;j<=nx+1;j++) {
11.     nodes[ j]. west = nodes[ j-1] ;
12.     nodes[ j]. east = nodes[ j+1] ;
13.   }
14.
15.   for( var k = 1;k<=nx+1;k++) {
16.     if( i<22) ratio = 1;else ratio = 0.5;
17.     nodes[ k]. Vol = dx * ratio * 1 * 1;
18.     nodes[ k]. Se = 1;
19.     nodes[ k]. Sw = 1;
20.     nodes[ k]. dx_w = dx * ratio;
21.     nodes[ k]. dx_e = dx * ratio;
22.   }
23.
24.   nodes[ 21]. dx_w = dx;//Fix dx @ interface
25.   nodes[ 21]. Vol = ( dx/2+dx/2/2) * 1 * 1;
26.   nodes[ 1]. Vol/= 2;//index is 1 not 0
27.   nodes[ nx+1]. Vol/= 2;
28.   }
29.
30. function ApplyMaterial( mtrl01,mtrl02) {
31.   for( var j = 1;j<21;j++) {
32.     nodes[ j]. Cp = mtrl01. Cp;
33.     nodes[ j]. rho = mtrl01. rho;
34.     nodes[ j]. lmd_w = mtrl01. lmd;
35.       nodes[ j]. lmd_e = mtrl01. lmd;
36.     }
37.
38.     for( var j = 22;j<= this. nx+1;j++) {
39.       nodes[ j]. Cp = mtrl02. Cp;
40.       nodes[ j]. rho = mtrl02. rho;
41.       nodes[ j]. lmd_w = mtrl02. lmd;
42.       nodes[ j]. lmd_e = mtrl02. lmd;
43.     }
44.     //Figure out the material properites/仔细计算界面附近的物性参数
45.     var avg_rho = ( 0.5 * mtrl01. rho+0.25 * mtrl02. rho)/( 0.5+0.25) ;
46.     var avg_Cp = ( mtrl01. rho * 0.5 * mtrl01. rho+mtrl02. rho * 0.25 * mtrl02. rho)/( mtrl01. rho * 0.5+mtrl02. rho * 0.25) ;
47.     nodes[ 21]. lmd_e = mtrl02. lmd;
48.     nodes[ 21]. lmd_w = mtrl01. lmd;
49.     nodes[ 21]. rho = avg_rho;
50.     nodes[ 21]. Cp = avg_Cp;
51.   }
```

根据串联电路电流处处相同的思路，计算域处处热流相同，有 $Q = \dfrac{T_{bc} - T_i}{d_2/\lambda_2} =$

$\dfrac{T_i - 0}{d_1/\lambda_1}$。式中，$T_{bc}$ 为计算域右侧边界温度；T_i 为界面温度；λ_1、λ_2 分别为材料 1 和材料 2 的导热系数；d_1、d_2 分别为材料 1 和材料 2 的长度。计算结果如图 4-14 所示，与解析解吻合很好。

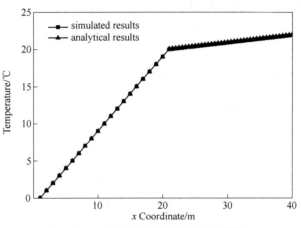

图 4-14 非均匀网格时温度场计算结果

4.2 二维导热问题

4.2.1 预备知识：线性方程组求解的相关知识

二维的温度场的求解涉及到比一维更复杂的方程组求解，本节介绍书中用到的线性方程组求解相关知识。

4.2.1.1 常见的迭代法求解线性方程组[23]

首先，包含 n 个未知数的方程组可以表示为：

$$\begin{cases} A_{1,1}x_1 + A_{1,2}x_2 + \cdots + A_{1,n}x_n = b_1 \\ A_{2,1}x_1 + A_{2,2}x_2 + \cdots + A_{2,n}x_n = b_2 \\ \qquad\qquad\qquad\vdots \\ A_{n,1}x_1 + A_{n,2}x_2 + \cdots + A_{n,n}x_n = b_n \end{cases} \qquad (4\text{-}15)$$

将其整理为如下迭代格式：

$$\begin{cases} x_1 = (b_1 - A_{1,2}x_2^0 - \cdots - A_{1,n}x_n^0)/A_{1,1} \\ x_2 = (b_2 - A_{2,1}x_1^0 - \cdots - A_{2,n}x_n^0)/A_{2,2} \\ \qquad\qquad\qquad\vdots \\ x_n = (b_n - A_{n,1}x_1^0 - A_{n,2}x_2^0 - \cdots)/A_{n,n} \end{cases} \qquad (4\text{-}16)$$

式中，上标 0 为上一时刻迭代计算的结果；无上标则为当前计算结果，对每一个

未知量迭代公式为 $x_i = \left(b_i - \sum\limits_{j=1,\ j\neq i}^{n} A_{ij}x_i^0 \right)/a_{ii}(i=1,\ 2,\ \cdots,\ n)$。迭代时，先给定一组初值 $(x_1^0,\ x_2^0,\ x_3^0,\ \cdots,\ x_n^0)$，根据迭代式（4-16）计算新值，再根据新的计算结果进行下一次迭代，不断迭代直到收敛，这种方法就称作雅各比（Jacobi）迭代方法。Jacobi 迭代方法在求解非线性问题时有应用，但缺点是收敛速度慢；Gauss-Seidel 迭代法对 Jacobi 方法进行改进，部分未知量在计算完毕时立即投入当前迭代过程，而 Jacobi 方法是所有变量迭代计算完毕后，下轮迭代才启用新值，迭代公式为 $x_i = \left(b_i - \sum\limits_{j=1}^{i-1} A_{ij}x_i - \sum\limits_{j=i+1}^{n} A_{ij}x_i^0 \right)/A_{ii}(i=1,\ 2,\ \cdots,\ n)$。Successive Over Relaxation Method（SOR）迭代法的迭代公式为 $x_i = (1-\omega)x_i^0 + \omega\left(b_i - \sum\limits_{j=1}^{i-1} A_{ij}x_i - \sum\limits_{j=i+1}^{n} A_{ij}x_i^0 \right)/A_{ii}(i=1,\ 2,\ \cdots,\ n)$，或 $x_i = (1-\omega)x_i^0 + \omega\left(b_i - \sum\limits_{j=1,\ j\neq i}^{n} A_{ij}x_i^0 \right)/A_{ii}(i=1,\ 2,\ \cdots,\ n)$。$\omega$ 被称作松弛因子，当 $\omega=1$ 时，SOR 法就退化为 Gauss-Seidel 迭代法或 Jacobi 迭代法；当 $\omega>1$ 时，为超松弛迭代；当 $\omega<1$ 时，为亚松弛迭代，不同问题收敛速度受不同松弛因子所影响。编程实现时，Jacobi 迭代法需要存储上一时刻迭代结果，基于此，Gauss-Seidel 迭代法比 Jacobi 迭代法节省内存开销。收敛判据为两次迭代结果接近到一定程度来判断，例如：

$$\sqrt{\frac{(x_1-x_1^0)^2+(x_2-x_2^0)^2+\cdots+(x_n-x_n^0)^2}{x_1^2+x_2^2+\cdots+x_n^2}} < \varepsilon \qquad (4\text{-}17)$$

4.2.1.2　TDMA 算法在 2D 问题中的应用

稍后介绍。

4.2.1.3　大型稀疏矩阵（SparseMatrix）在计算机中的存储策略

在介绍大型稀疏矩阵代数方程前，有必要先介绍一下大型稀疏矩阵在计算机中的存储策略。

如果直接将矩阵存储到数组中，比如一个 10×10 的二维网格，节点为 100 个（即 100 个未知数），求解矩阵就包含 $100\times100=10^4$ 个浮点数，如果是单精度浮点数（在 Win32 平台 MSVC 编译器下占用内存 32bit），那么矩阵占用 $10^4\times32\text{bit}/(1024\times1024\text{bit})=0.305\text{M}$ 内存；如果是 100×100 的网格，占用约 305M 内存，网格加密 10 倍内存占用增加 10^4 倍，如果是双精度，则内存占用还要翻番；大型有限元分析中，节点数量为数万，数十万甚至数百万，内存占用愈甚。幸运的是，大型有限元分析中，系数矩阵往往是稀疏矩阵（即大部分矩阵元素为 0），如果我们只存储非零元素，则可以节省大量内存，对于类似于图 3-2 所示均匀网格的二维导热问题，如果只存储非零元素则可以节省内存 95% 以上，如果矩阵对称，又可以节省近一半内存。现在问题是，大型稀疏矩阵存储的数据结构如何设计？如何检索稀疏矩阵？参考文献 [19] 通过建立矩阵每行首个非 0 元素位置及每行非零元素个数等数组实现稀疏矩阵的存取；本书使用类似于参考文献 [14] 中建立链表的方法实现对稀疏矩阵的存取，算法实现关键步骤如下：

第一，$n \times n$ 维的矩阵存储结构如图 4-15 所示：建立一个长度为 n 的数组 dataBin 存储稀疏矩阵，数组中每个元素都是一个链表（List），链表用于存储矩阵每行的非 0 元素，链表中每个节点（Node）都包含了列标（column）、值（value）和"指针"next，用于指定下一个非 0 元素。

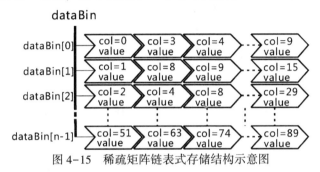

图 4-15　稀疏矩阵链表式存储结构示意图

第二，矩阵元素值存储（设置 set）：稀疏矩阵初始时仅有主对角元素，每个主对角元素值为 0，next 为空（null）。根据稀疏矩阵存储结构，将 row 行 col 列的值设置为 value 如何操作？首先获取某行的链表头 dataBin[row]；如图 4-16 (a) 所示，当矩阵某元素的列标 col 小于第 row 行链表头部的列标时，新建节点，设置其列为 col，值为 value，将其 next 指向原链表头；如图 4-16(b) 所示，当原链表中包含 col 列的元素时，修改其值为 value；如图 4-16(c) 所示，当原链表中没有查到列标为 col 的节点，但存在某节点列标大于 col，则插入新节点；如图 4-16(d) 所示，当原链表中直到链表尾部仍未检索到列标为 col 的元素，在列

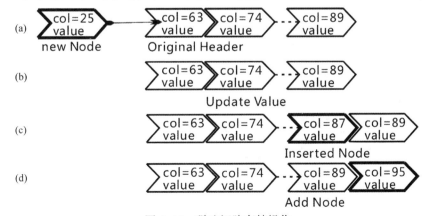

图 4-16　稀疏矩阵存储操作

标尾部追加新节点，设置其列为 col，值为 value，next 为 null。

第三，元素检索读取：如何获取 col 列、row 行的元素值？首先获取某行的链表头 dataBin［row］，遍历该链表，检索到列标为 col 的节点，读取其值。如果没有检索到，说明该元素为 0 元素，直接返回 0。

当实现稀疏矩阵的矩阵元素的读写功能后，就可以实现针对其的常规计算，如乘法、转置等。

4.2.1.4　共轭梯度迭代法求解线性方程组

前述迭代法求解线性方程组耗时较多，现介绍比较实用的"直接求解法"，n 个未知数的方程最多经过 n 次迭代即可达到精度要求：预处理双共轭梯度迭代法[19]（preconditioned biconjugate gradient method，PBCG）。共轭梯度法求解方程组 $A \cdot x = b$ 的思路是基于寻找序列 x 使得函数 $f(x) = \frac{1}{2} x \cdot A \cdot x - b \cdot x$ 最小，根据多元函数最值存在条件，当序列 x 满足 $\nabla f(x) = A \cdot x - b = 0$ 时 $f(x)$ 最小，从而方程组求解转化为多元函数的最值问题。为了加速迭代，人们又提出了预处理双共轭梯度迭代法：首先寻找一个近似矩阵 $\tilde{A}^{-1}$，使其接近于 A^{-1}，从而有 $\tilde{A}^{-1} \cdot A \approx 1$（此处 1 为单位矩阵——主对角元素为 1，非主对角元素为 0 的方阵）；对原方程组 $A \cdot x = b$ 左乘 $\tilde{A}^{-1}$ 得到 $\tilde{A}^{-1} \cdot A \cdot x = \tilde{A}^{-1} \cdot b$，为简单 $\tilde{A}$ 可以取矩阵 A 的主对角元素。通常，预处理双共轭梯度迭代法计算步骤如下：（1）根据方程组初始解 x^0 计算残差：$r_0 = b - Ax^0$，令 $\overline{r_0} = r_0$。（2）根据 $\tilde{A}z = r$ 及 $\tilde{A}^{\mathrm{T}} \overline{z} = \overline{r}$ 计算得到 z 及 $\overline{z}$，为了简单起见，$\tilde{A}$ 选取为 A 的主对角元素。（3）计算向量 P 及 $\overline{P}$，$P_{k+1} = z_{k+1} + \beta P_k$，$\overline{P_{k+1}} = \overline{z_{k+1}} + \beta \overline{P_k}$，$(P_0 = z_0)$，$(\overline{P_0} = \overline{z_0})$，$\beta = \overline{r_{k+1}} \cdot z_{k+1} / (\overline{r_k} \cdot z_k)$。（4）计算新的解 $x_{k+1} = x_k + \alpha_k P$，其中 $r_{k+1} = r_k - \alpha_k \cdot A \cdot P_k$，$\overline{r_{k+1}} = \overline{r_k} - \alpha_k \cdot A^{\mathrm{T}} \cdot \overline{P_k}$，$\alpha_k = r_k \cdot z_k / (P_k \cdot A \cdot P_k)$。（5）判断是否收敛，若收敛结束迭代，否则重复步骤（2）~（5）进行迭代求解，直到收敛。

稀疏矩阵及预处理双共轭梯度迭代法的 js 程序实现如下：

代码 4-11

```
1.   var Aij = function() {//稀疏矩阵非 0 元素
2.     this. col = 0;//非 0 元素所在列
3.     this. value = 0. 0;//值
4.     this. next = null;//同一行的下一个非 0 元素
5.   }
6.   //稀疏矩阵
7.   var SparseMatrix = function( epsilon) {
8.     this. epsilon = epsilon || 1E-10;//小于 epsilon 的值将被视为 0
9.     this. dim = 0;//维度，未知数的个数
10.    this. dataBin = null;//存储非 0 元素的数组
11.    this. Create = Create;//创建稀疏矩阵
12.    this. Erase = Erase;//擦除稀疏矩阵
13.    this. get = get;//获取稀疏矩阵元素
14.    this. set = set;//设置稀疏矩阵元素
```

```
15.    this.ShowSparseMatrix=ShowSparseMatrix;//用于调试,显示稀疏矩阵
16.    this.MULaVector=MULaVector;//右乘以一个向量
17.    this.MULaVectorT=MULaVectorT;//将稀疏矩阵转置后,再右乘以一个向量
18.    this.SolveZ=SolveZ;//计算Z
19.    this.SolveZZ=SolveZ;//计算ZZ,本程序预处理矩阵选取矩阵主对角,故与计算Z完全相同
20.    this.getResidue=getResidue;//获取残差值
21.    this.SolveByCG=SolveByCG;//使用预处理双共轭梯度迭代法求解稀疏方程
22.  }
23.  //创建矩阵,初始时仅有主对角元素
24.  function Create(dim,solved){
25.    this.dim=dim;//设置维度
26.    this.dataBin=newArray(dim);//申请内存,用于存储非0元素
27.    for(var i=0;i<dim;i++){
28.      var newAij=new Aij();//创建一个非0元素,也就是链表头部
29.      newAij.col=i;//设置主对角元素的列
30.      this.dataBin[i]=newAij;//存储链表头部,建立索引
31.    }
32.
33.    this.solved=solved;//solved为数组,用于设置第一类边界条件,表示某未知量已知
34.    this.p=newArray(dim);//p
35.    this.pp=newArray(dim);//p
36.    this.r=newArray(dim);//r
37.    this.rr=newArray(dim);//r
38.    this.z=newArray(dim);//z
39.    this.zz=newArray(dim);//z
40.  }
41.
42.  function Erase(iniValue){//擦除:只保留主对角元素
43.    for(var e,row=0;row<this.dim;row++){
44.      e=this.dataBin[row];
45.      e.col=row;//设置列编号
46.      e.value=iniValue;//擦除后赋值
47.      e.next=null;//非主对角元素一律舍弃,不予检索,非主对角元素游离于虚拟机内存中待回收
48.    }
49.  }
50.  //行列的编号都是从0开始的,而不是1
51.  function set(row,col,value){
52.    if(Math.abs(value)<this.epsilon)return;//值太小,忽略
53.    if((row>=this.dim)||(row<0))return;//下标检查,是否越界
54.    if((col>=this.dim)||(col<0))return;//下标检查,是否越界
55.
56.    var e=this.dataBin[row],prev;//
57.    //
58.    if((this.solved)&&(this.solved[row])){//该行节点对应第一类边界条件,设置主对角为1
59.      e.value=1;
60.      return;
61.    }
62.    //
63.    if(col<e.col){//情形a,创建新的链表头,存储(建立索引)
64.      var newHeader=new Aij();
65.      newHeader.col=col;
```

```
66.      newHeader. value = value;
67.      newHeader. next = e;
68.      this. dataBin[ row ] = newHeader;
69.      return;
70.    }
71. //继续检索,检查否已有非 0 元素列为 col
72.    while( ( e. col < col )&&( e. next ！ = null ) ){ //向后遍历
73.      prev = e;
74.      e = e. next;
75.    }
76.
77.    if ( e. col == col ){ //情形 b,检索得到某非 0 元素已经存在,修改其值,返回
78.      e. value = value;
79.      return;
80.    }
81. //
82.    var newAij = new Aij( );//创建新的非 0 元素
83.
84.    if( ( e. next == null )&&( col > e. col ) ){ //情形 c,尾部追加非 0 元素
85.      e. next = newAij;
86.      newAij. col = col;
87.      newAij. value = value;
88.    }else{ //情形 d,插入非 0 元素
89.      prev. next = newAij;
90.      newAij. next = e;
91.      newAij. col = col;
92.      newAij. value = value;
93.    }
94.    return;
95.  }
96.
97. function get( row, col ){ //获取稀疏矩阵某元素值
98.    var e = this. dataBin[ row ];//获取 row 行的链表头
99.
100.    while( ( e. col < col )&&( e. next ！ = null ) ) e = e. next;//检索列
101.
102.    if( e. col == col ) return e. value;//如存在 col 列,说明是非 0 元素,返回值
103.
104.    return 0;//未检索的结果,0 元素,返回 0
105. }
106.
107. function ShowSparseMatrix( b ){ //调试程序时,以某种方式将稀疏矩阵显示出来
108.    for( var row = 0; row < this. dim; row++ ){
109.      var e = this. dataBin[ row ];
110.      var line = " ";
111.      while( e ！ = null ){
112.        line += " A[ "+row+" , "+e. col+" ] = "+e. value+" ; ";
113.        e = e. next;
114.      }
115.      if( b ) line += " b = "+b[ row ];
116.      console. log( line );
```

```
117.    |
118. |
119.
120. function MULaVector( vector, result) {
121.    for( var i = 0; i<this. dim; i++) result[ i] = 0;
122.
123.    for( var row = 0; row<this. dim; row++) {
124.       var e = this. dataBin[ row] ;
125.       while( e! = null) {
126.        result[ row] += e. value * vector[ e. col] ;
127.        e = e. next;
128.       }
129.    }
130. }
131.
132. function MULaVectorT( vector, result) {
133.    for( var i = 0; i<this. dim; i++) result[ i] = 0;
134.
135.    for( var row = 0; row<this. dim; row++) {
136.       var e = this. dataBin[ row] ;
137.       while( e! = null) {
138.        result[ e. col] += e. value * vector[ row] ;
139.        e = e. next;
140.       }
141.    }
142. }
143.
144. function SolveZ( b, zRoot, transposeFlag) {//
145.    var diag = 0. 0;
146.    for( var row = 0; row<this. dim; row++) {
147.       diag = this. get( row, row) ;//获取对角元素值
148.       zRoot[ row] = b[ row]/diag;//求解 z
149.    }
150. }
151.
152. function getResidue( root, bRHS, residue) {//获取残差 b−A * x
153.    this. MULaVector( root, residue) ;//First let residue = A * x0
154.    VectorUtil. SUB( bRHS, residue, residue) ;//Then residue = b−A * x0
155. }
156.
157. function SolveByCG( bRHS, root, tol, iterMax) {
158.    var ak, akden, bk, bkden = 1. 0, bknum, err;
159.    var n = bRHS. length, iter = 0;
160.    iterMax = iterMax || ( n+1) ;
161.
162.    var p = this. p;
163.    var pp = this. pp;
164.    var r = this. r;
165.    var rr = this. rr;
166.    var z = this. z;
167.    var zz = this. zz;
```

```
168.    var debug = false;//是否输出调试信息
169. //STEP. 1 计算初始误差
170.    this. getResidue( root,bRHS,r) ;//计算残差
171.    VectorUtil. EQ( rr,r) ;//rr0 = r0;
172.
173.    while( iter < iterMax) {
174.    ++iter;//STEP. 2 计算 z& zz
175.    this. SolveZ( r,z,0) ;//Figure Out z
176.    this. SolveZZ( rr,zz,1) ;//Figure out zz
177.
178.    bknum = VectorUtil. DOT( z,rr) ;//beta_numerator = z * rr
179. //STEP. 3 计算 p & pp
180.    if( iter == 1) {
181.      VectorUtil. EQ( p,z) ;//p0 = z0
182.      VectorUtil. EQ( pp,zz) ;//pp0 = zz0
183.    } else {
184.      bk = bknum/bkden;
185.      VectorUtil. kADD( z,p,bk,p) ;//p = z+beta * p
186.      VectorUtil. kADD( zz,pp,bk,pp) ;//pp = zz+beta * pp
187.    }
188. //STEP. 4 更新解 root
189.    bkden = bknum;
190.
191.    this. MULaVector( p,z) ;//First z = A * p
192.
193.    akden = VectorUtil. DOT( z,pp) ;//then,alpha_den = z * pp = pp * A * p
194.    ak = bknum/akden;//alpha = z * rr/pp * A * p
195.
196.    this. MULaVectorT( pp,zz) ;//zz = pp * A
197.
198.    VectorUtil. kADD( root,p,ak,root) ;//x = x+alpha * p
199.    VectorUtil. kADD( r,z,-ak,r) ;//r = r-alpha * z = r-alpha * A * p
200.    VectorUtil. kADD( rr,zz,-ak,rr) ;//rr = rr-alpha * zz = rr-alpha * A * pp
201. //STEP. 5 计算误差 err,并判断是否将迭代进行下去
202.    var bNormal = VectorUtil. NORMAL( bRHS) ;
203.    bNormal = ( bNormal>0) ? bNormal:1;
204.    err = VectorUtil. NORMAL( r)/bNormal;
205.
206.    if( err <= tol) return err;//达到精度要求则退出迭代,直接返回
207.    }
208. }
```

若求解方程组 $\begin{bmatrix} 1 & 2 & 3 \\ 0 & 4 & 5 \\ 6 & 0 & 7 \end{bmatrix} \begin{bmatrix} x_0 \\ x_1 \\ x_2 \end{bmatrix} = \begin{bmatrix} 6 \\ 9 \\ 13 \end{bmatrix}$，使用方法如下：

代码 4-12

```
1.    function demoCase01( ) {
2.      var matrix = new SparseMatrix( ) ;
3.      //创建稀疏矩阵对象,并设置维度为3
```

```
4.    matrix. Create(3);
5.    //设置矩阵各个非 0 元素↓
6.    matrix. set(0,0,1);//设置第 1 行,第 1 列,元素为 1,一下类似
7.    matrix. set(0,1,2);
8.    matrix. set(0,2,3);
9.    matrix. set(1,1,4);
10.   matrix. set(1,2,5);
11.   matrix. set(2,0,6);
12.   matrix. set(2,2,7);
13.   //给出常数项
14.   var b = newArray(6,9,13);
15.   var root = newArray(0,0,0);
16.   //
17.   var tol = 1E-5;//误差控制
18.   matrix. SolveByCG(b,root,tol,5);//求解方程组
19.   console. log(root);//输出求解结果
20. }
```

经测试,本节的预处理双共轭梯度迭代程序,当初始值数组的元素 root [0],root [1],…,root [n-1],取值完全相同时,计算不能收敛。所以在本书后续章节程序实现时,初始值完全相同时,需要人工干预,给初始值叠加一个随机噪声(足够小的数),使得计算结果在允许的误差范围内。

4.2.2 2D 温度场计算与验证

在 2D 情形下,将式(4-1)整理为如式(4-18)的格式:

$$a_P T_P = a_E T_E + a_W T_W + a_N T_N + a_S T_S + b \tag{4-18}$$

式中,$a_E = \lambda_e S_e/d_e$,$a_W = \lambda_w S_w/d_w$,$a_N = \lambda_n S_n/d_n$,$a_S = \lambda_s S_s/d_s$,$a_P = a_E + a_W + a_N + a_S + a_{P0} - S_P \Delta V$,$b = a_{P0} T_{P0} + S_C \Delta V$,$a_{P0} = \rho \Delta V C_P / \Delta t$。使用隐式迭代格式,计算域 n 个节点有 n 个形式类似于式(4-18)的方程,将这 n 个方程联立即可求解得到温度场。

例:在矩形区域 $0 < x < a$,$0 < y < b$ 上求解二维导热微分方程:

$$\frac{\partial^2 T}{\partial x^2} + \frac{\partial^2 T}{\partial y^2} = 0 \tag{4-19}$$

边界条件 $T|_{x=0} = Ay(b-y)$,$T|_{x=a} = 0$,$T|_{y=0} = B\sin(\pi x/a)$,$T|_{y=b} = 0$,根据数学物理方法分离变量法[24],可以得到解析解:

$$T(x, y) = \frac{B \cdot \sinh\dfrac{\pi(b-y)}{a}}{\sinh\dfrac{\pi b}{a}}\sinh\frac{\pi x}{a} + \sum_{k=0}^{\infty} \frac{8Ab^2 \sinh[(a-x)\theta]}{(2k+1)^3 \pi^3 \sinh(a\theta)} \tag{4-20}$$

式中,$\theta = (2k+1)\pi/b$。令 $a=50$,$b=30$,$A=0.05$,$B=10$,忽略 $k>5$ 时的级数($k=5$ 时 $(2k+1)^3$ 的值是 $k=1$ 时 $(2k+1)^3$ 的值的 1331 倍,截断误差小于

0.001），使用 VisualizeLib. js 绘制计算结果如图 4-17 所示。

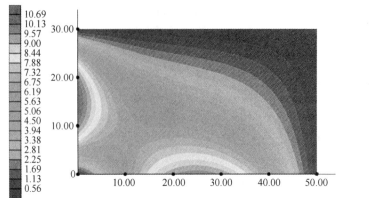

图 4-17　2D 温度场解析解结果

　　现编程实现上述温度场求解，可以使用 Jacobi 迭代法、Gauss-Seidel 迭代法、SOR 方法、TDMA 方法、Conjuage-Gradient 迭代法，代码如下：

代码 4-13

```
1.    var thisTitle = "2D 稳态温度场共轭梯度法";
2.    var JacobiMethod = 1;//使用 Jacobi 迭代法
3.    var GaussSeidelMethod = 2;//使用 Gauss-Seidel 迭代法求解方程组
4.    var SORMethod = 3;//使用 SOR 方法求解代数方程
5.    var TDMA2DMethod = 4;//使用 TDMA 算法求解温度场
6.    var ConjuageGradientMethod = 5;//使用共轭梯度迭代法求解代数方程
7.    var omega = 0.5;//ratio for SOR Method 松弛因子
8.
9.    window. addEventListener( "load", main, false);
10.
11.   function BC( type) {/* 篇幅所限,此处略去,参考其他章节 */}
12.   function SimpleMaterial( lmd, Cp, rho) {/* 篇幅所限,此处略去,参考其他章节 */}
13.
14.   var Node2D = function( x, y) {
15.     this. x = x; this. y = y;
16.     this. west = null; this. east = null; this. north = null; this. south = null;
17.     this. T = 0; this. T0 = 0;
18.     this. lmd = 0; this. lmd_n = 0; this. lmd_s = 0; this. lmd_w = 0; this. lmd_e = 0;
19.     this. Cp = 0; this. rho = 0;
20.     this. dx_w = 0; this. dx_e = 0; this. dy_n = 0; this. dy_s = 0;
21.     this. Vol = 0; this. Sn = 1; this. Ss = 1; this. Se = 1; this. Sw = 1;
22.     this. aW = 0.0; this. aE = 0.0; this. aN = 0.0; this. aS = 0.0; this. aP = 0.0;
23.     this. Sc = 0.0; this. Sp = 0.0; this. b = 0.0;
24.     this. bcType = -1; this. bcIndex = -1;
25.
26.     this. ApplyBC = ApplyBC;
27.     this. SetConstant = SetConstant;
28.     this. CalcNext = CalcNext;
```

```
29.    };
30.
31.    function ApplyBC(index){//设置控制体边界条件信息
32.      var bc=BCList[index];
33.
34.      this. bcIndex=index;
35.      this. bcType=bc. type;
36.
37.      if(bc. type==1){//第一类边界条件,直接赋值即可
38.       this. aW=0;this. aE=0;this. aN=0;this. aS=0;this. aP=1;
39.       this. b=bc. value;
40.       this. T0=bc. value;this. T=bc. value;
41.       return;
42.      }
43.      if(index==1){//编号为1的边界条件,热流边界条件的处理:
44.       this. aW=0;
45.       this. Sc+=bc. value * this. Sw/this. Vol;
46.       return;
47.      }elseif(index==2){//编号为2的边界条件,热流边界条件
48.       this. aE=0;
49.       this. Sc+=bc. value * this. Se/this. Vol;//等效热源
50.       return;
51.      }elseif(index==3){//编号为3的边界条件,对流换热边界条件
52.       this. aN=0;
53.       this. Sc+=(bc. alpha * bc. value) * this. Sn/this. Vol;//等效热源 Sc 分量
54.       this. Sp+=-bc. alpha * this. Sn/this. Vol;//等效热源 Sp 分量
55.      return;
56.      }
57.    }
58.
59.    function SetConstant(value){//设置第一类边界条件
60.      this. aW=0;this. aE=0;this. aN=0;this. aS=0;this. aP=1;
61.      this. b=value;this. T0=value;this. T=value;
62.      this. bcType=1;
63.    }
64.
65.    function CalcNext(method){//显式方式计算控制体节点下一时刻温度值
66.      if(this. bcType==1)return;
67.
68.      if (this. aP>0){
69.       this. T=this. aE * this. east. T0+this. aW * this. west. T0;
70.       this. T+=this. aN * this. north. T0+this. aS * this. south. T0;
71.       this. T+=this. b;
72.       this. T/=this. aP;
73.       if(method==SORMethod)
74.        this. T=(1-omega) * this. T0+omega * this. T;//SOR 算法,做加权平均
75.       if(method! =JacobiMethod)this. T0=this. T;//Gauss-Seidel 算法,不需要存储上一时刻温度值
76.      }
77.    }
78.
79.    var Solution=function(nodes){
```

```
80.      if( nodes ) this. nodes = nodes;
81.      elsethis. nodes = [ ];
82.
83.      this. xDim = 10; this. yDim = 10; this. dx = 1; this. dy = 1;
84.      this. nodeNum = 100; this. flowTime = 0;
85.
86.      this. SetUpGeometryAndMesh = SetUpGeometryAndMesh;
87.      this. indexFun = indexFun;
88.      this. ApplyMaterial = ApplyMaterial;
89.      this. SetUpBoundaryCondition = SetUpBoundaryCondition;
90.      this. Initialize = Initialize;
91.      this. CombineMatric = CombineMatric;
92.      this. GetLastError = GetLastError;
93.      this. Solve = Solve;
94.      this. BuildMatrix2DCol = BuildMatrix2DCol; //
95.      this. BuildMatrix2DRow = BuildMatrix2DRow; //
96.      this. SolveByTDMA2D = SolveByTDMA2D; //
97.      this. CopyRootRow = CopyRootRow; //
98.      this. CopyRootCol = CopyRootCol; //
99.      this. SolveByConjuageGradient = SolveByConjuageGradient; //
100.     this. UpdateOld = UpdateOld; //
101.     this. GetContourData = GetContourData;
102.     this. ShowResults = ShowResults;
103.     this. Debug = Debug;
104. };
105.
106. function SetUpGeometryAndMesh( nx, ny, dx, dy ) { //设置计算域及其控制体信息
107.     this. xDim = nx+1; this. yDim = ny+1;
108.     this. dx = dx; this. dy = dy;
109.
110.     for( var index, col = 0; col<nx+3; col++ ) {
111.       for( var row = 0; row<ny+3; row++ ) {
112.         index = this. indexFun( col, row );
113.         nodes[ index ] = new Node2D( ( col-1 ) * dx, ( row-1 ) * dy );
114.       }
115.     }
116.
117.     this. nodeNum = nodes. length;
118.
119.     for( var index, col = 1; col<nx+2; col++ ) {
120.       for( var row = 1; row<ny+2; row++ ) {
121.         index = this. indexFun( col, row );
122.
123.         nodes[ index ]. east = nodes[ index+1 ];
124.         nodes[ index ]. west = nodes[ index-1 ];
125.         nodes[ index ]. north = nodes[ index+this. xDim+2 ];
126.         nodes[ index ]. south = nodes[ index-this. xDim-2 ];
127.         nodes[ index ]. Vol = dx * dy * 1;
128.         nodes[ index ]. Se = dy * 1;
129.         nodes[ index ]. Sw = dy * 1;
130.         nodes[ index ]. Sn = dx * 1;
```

```
131.        nodes[index].Ss=dx*1;
132.        nodes[index].dx_w=dx;
133.        nodes[index].dx_e=dx;
134.        nodes[index].dy_n=dy;
135.        nodes[index].dy_s=dy;
136.      }
137.   }
138.
139.   for(var col=1,row=1;row<ny+2;row++){
140.      index=this.indexFun(col,row);
141.
142.      nodes[index].Vol/=2.0;
143.      nodes[index].Sn/=2.0;
144.      nodes[index].Ss/=2.0;
145.      nodes[index].west=null;
146.   }
147.
148.   for(var col=nx+1,row=1;row<ny+2;row++){
149.      index=this.indexFun(col,row);
150.
151.      nodes[index].Vol/=2.0;
152.      nodes[index].Sn/=2.0;
153.      nodes[index].Ss/=2.0;
154.      nodes[index].east=null;
155.   }
156.
157.   for(var row=1,col=1;col<nx+2;col++){
158.      index=this.indexFun(col,row);
159.
160.      nodes[index].Vol/=2.0;
161.      nodes[index].Se/=2.0;
162.      nodes[index].Sw/=2.0;
163.      nodes[index].south=null;
164.   }
165.
166.   for(var row=ny+1,col=1;col<nx+2;col++){
167.      index=this.indexFun(col,row);
168.
169.      nodes[index].Vol/=2.0;
170.      nodes[index].Se/=2.0;
171.      nodes[index].Sw/=2.0;
172.      nodes[index].north=null;
173.   }
174. }
175.
176. function indexFun(col,row){return row*(this.xDim+2)+col;}
177.
178. function ApplyMaterial(mtrl){
179.   for(var i=0;i<this.nodeNum;i++){
180.      nodes[i].Cp=mtrl.Cp;
181.      nodes[i].rho=mtrl.rho;
```

```
182.        nodes[i].lmd_e=mtrl.lmd;
183.        nodes[i].lmd_w=mtrl.lmd;
184.        nodes[i].lmd_n=mtrl.lmd;
185.        nodes[i].lmd_s=mtrl.lmd;
186.      }
187.
188.    for(var index,node,col=1;col<=this.xDim;col++){
189.      for(var row=1;row<=this.yDim;row++){//Caution:Soong <=
190.        index=this.indexFun(col,row);
191.        node=nodes[index];
192.        node.aE=node.Se * node.lmd_e/node.dx_e;
193.        node.aW=node.Sw * node.lmd_w/node.dx_w;
194.        node.aN=node.Sn * node.lmd_n/node.dy_n;
195.        node.aS=node.Ss * node.lmd_s/node.dy_s;
196.      }
197.    }
198. }
199.
200. function SetUpBoundaryCondition(){
201.    var col=0,row=0,index=0;
202.
203.    for(var col=1,row=1;row<=this.yDim;row++){
204.      index=this.indexFun(col,row);
205.      var y=nodes[index].y;
206.      nodes[index].SetConstant(0.05 * y * (30-y));
207.    }
208.
209.    for(var col=this.xDim,row=1;row<=this.yDim;row++){
210.      index=this.indexFun(col,row);
211.      nodes[index].ApplyBC(0);
212.    }
213.
214.    for(var row=1,col=1;col<=this.xDim;col++){
215.      index=this.indexFun(col,row);
216.      var x=nodes[index].x;
217.      nodes[index].SetConstant(10 * Math.sin(Math.PI * x/50));
218.    }
219.
220.    for(var row=this.yDim,col=1;col<=this.xDim;col++){
221.      index=this.indexFun(col,row);
222.      nodes[index].ApplyBC(0);
223.    }
224. }
225.
226. function Initialize(Tini){
227.    for(var i=0;i<this.nodeNum;i++){
228.      nodes[i].T0=Tini;
229.      nodes[i].T=Tini;
230.    }
231. }
232.
```

```
233. function CombineMatric() {
234.    for(var node,col=1;col<=this.xDim;col++) {
235.      for(var row=1;row<=this.yDim;row++) {//Caution
236.        index=this.indexFun(col,row);
237.        node=nodes[index];
238.        if(node.bcType==1)continue;
239.        node.b=node.Sc * node.Vol;
240.        node.aP=node.aE+node.aW+node.aN+node.aS-node.Sp * node.Vol;
241.      }
242.    }
243. }
244. function GetLastError() {/* 篇幅所限,此处略去,参考其他章节 */   }
245.
246. function Solve(iterCnt,method) {
247.    this.CombineMatric();//计算系数矩阵
248.
249.    if(method==ConjuageGradientMethod) {
250.      this.SolveByConjuageGradient();//共轭梯度法求解方程组
251.      return;
252.    }
253.
254.    if(method==TDMA2DMethod) {
255.      this.SolveByTDMA2D(iterCnt);//TDMA2D 算法
256.      return;
257.    }
258.
259.    for(var index,error,node,iter=0;iter < iterCnt;iter++) {
260.      if(method==JacobiMethod)this.UpdateOld();
261.
262.      var cnt=0;
263.      for(var row=1;row<=this.yDim;row++) {
264.        for(var col=1;col<=this.xDim;col++) {
265.          index=this.indexFun(col,row);
266.          node=nodes[index];
267.          node.CalcNext(method);
268.        }
269.      }
270.    }
271. }
272.
273. function BuildMatrix2DCol(colIdx,AMatrix,bRHS) {//针对某列做 1D 温度场计算
274.    var col=0,row=0,index=0,skip=0;
275.
276.    col=colIdx;
277.    for(skip=0,row=1;row<=this.yDim;row++) {
278.      index=this.indexFun(col,row);
279.      node=nodes[index];
280.
281.      AMatrix[3 * skip+0]=-node.aS;//Caution!!!!!!!;Not An
282.      AMatrix[3 * skip+1]=node.aP;
283.      AMatrix[3 * skip+2]=-node.aN;//Caution!!!!!!!;Not As
```

```
284.
285.    bRHS[skip] = node.b;
286.    bRHS[skip] += node.aE * (node.east? node.east.T0:0);
287.    bRHS[skip] += node.aW * (node.west? node.west.T0:0);
288.
289.    skip++;
290.  }
291. }
292.
293. function BuildMatrix2DRow(rowIdx, AMatrix, bRHS){ //针对某行做1D温度场计算
294.    var col = 0, index = 0, skip = 0, row = rowIdx;
295.    for(skip = 0, col = 1; col <= this.xDim; col++){
296.      index = this.indexFun(col, row);
297.      node = nodes[index];
298.
299.      AMatrix[3 * skip+0] = -node.aW;
300.      AMatrix[3 * skip+1] = node.aP;
301.      AMatrix[3 * skip+2] = -node.aE;
302.
303.      bRHS[skip] = node.b;
304.      bRHS[skip] += node.aN * (node.north? node.north.T0:0);
305.      bRHS[skip] += node.aS * (node.south? node.south.T0:0);
306.
307.      skip++;
308.    }
309. }
310.
311. function SolveByTDMA2D(iterCnt){ //TDMA2D求解温度场,行扫描,列扫描
312.    var col = 0, row = 0, iter = 0;
313.    var AMatrixCol = newArray(3 * this.yDim);
314.    var bCol = newArray(this.yDim);
315.    var rootCol = newArray(this.yDim);
316.    var AMatrixRow = newArray(3 * this.xDim);
317.    var bRow = newArray(this.xDim);
318.    var rootRow = newArray(this.xDim);
319.
320.    for(iter = 0; iter < iterCnt; iter++){
321.      for(col = 1; col <= this.xDim; col++){ //由西向东扫描计算
322.        this.BuildMatrix2DCol(col, AMatrixCol, bCol);
323.        SolveByTDMA(this.yDim, AMatrixCol, bCol, rootCol);
324.        this.CopyRootCol(col, rootCol);
325.      }
326.
327.      for(row = 1; row <= this.yDim; row++){ //由南向北扫描计算
328.        BuildMatrix2DRow(row, AMatrixRow, bRow);
329.        SolveByTDMA(this.xDim, AMatrixRow, bRow, rootRow);
330.        CopyRootRow(row, rootRow);
331.      }
332.
333.      for(col = this.xDim; col > 0; col--){ //由东向西扫描计算
334.        BuildMatrix2DCol(col, AMatrixCol, bCol);
```

```
335.        SolveByTDMA(this. yDim,AMatrixCol,bCol,rootCol);
336.        CopyRootCol(col,rootCol);
337.      }
338.
339.      for(row=this. yDim;row>0;row--){//由北向南扫描计算
340.        BuildMatrix2DRow(row,AMatrixRow,bRow);
341.        SolveByTDMA(this. xDim,AMatrixRow,bRow,rootRow);
342.        CopyRootRow(row,rootRow);
343.      }
344.    }
345. }
346.
347. function CopyRootRow(rowIdx,root){//行扫描计算结束,更新温度场
348.    var col=0,row=rowIdx,index=0,skip=0;
349.
350.    for(skip=0,col=1;col<=this. xDim;col++){
351.      index=this. indexFun(col,row);
352.      node=nodes[index];
353.
354.      node. T0=node. T=root[skip++];
355.    }
356. }
357.
358. function CopyRootCol(colIdx,root){//列扫描计算结束,更新温度场
359.    var col=colIdx,row=0,index=0,skip=0;
360.
361.    for(skip=0,row=1;row<=this. yDim;row++){
362.      index=this. indexFun(col,row);
363.      node=nodes[index];
364.
365.      node. T0=node. T=root[skip++];
366.    }
367. }
368.
369. function SolveByConjuageGradient( ){
370.    function idxFun(xStride,col,row){return(row-1) * xStride+col-1;}
371.
372.    var unknownNum=this. xDim * this. yDim;
373. //开始组合系数矩阵
374.    var bRHS=newArray(unknownNum);
375.    var root=newArray(unknownNum);
376.
377.    mtx. Create(unknownNum);
378.
379.    for(var index=0,idx=0,node,row=1;row<=this. yDim;row++){
380.      for(var col=1;col<=this. xDim;col++){
381.        index=this. indexFun(col,row);
382.        node=nodes[index];
383.        idx=idxFun(this. xDim,col,row);
384.
385.        mtx. set(idx,idx,node. aP);//主对角元素
```

```
386.
387.        mtx.set(idx,idx+1,-node.aE);
388.        mtx.set(idx,idx-1,-node.aW);
389.        mtx.set(idx,idx+this.xDim,-node.aN);
390.        mtx.set(idx,idx-this.xDim,-node.aS);
391.
392.        bRHS[idx]=node.b;
393.      }
394.    }
395. //系数矩阵组合完毕,可以求解了
396.    VectorUtil.SHUFFLE(root,1,10);//随机初始化解
397.
398.    mtx.SolveByCG(bRHS,root,1E-5);//调用共轭梯度法求解方程组
399.    //mtx.ShowSparseMatrix(bRHS);//是否输出调试信息
400.    for(var col=1;col<=this.xDim;col++){
401.      for(var row=1;row<=this.yDim;row++){
402.        index=this.indexFun(col,row);
403.        idx=idxFun(this.xDim,col,row);
404.        nodes[index].T=root[idx];//更新温度场
405.      }
406.    }
407. }
408.
409. function UpdateOld(){//更新温度场,使求解方法而定
410.    for(var index,col=1;col<=this.xDim;col++){
411.      for(var row=1;row<=this.yDim;row++){
412.        index=this.indexFun(col,row);
413.        nodes[index].T0=nodes[index].T;
414.      }
415.    }
416. }
417.
418. function GetContourData(pointList,elemList){//为绘制 Contour 准备数据
419.    for(var index,node,row=1;row<=this.yDim;row++){
420.      for(var col=1;col<=this.xDim;col++){
421.        index=this.indexFun(col,row);
422.        node=nodes[index];
423.        var v=realSolution(node.x,node.y,50,30,0.05,10,5);
424.        //pointList.push(new XYZ(node.x,node.y,v));
425.        pointList.push(new XYZ(node.x,node.y,node.T-v));//绘制解析解与数值解之差
426.      }
427.    }
428.
429.    function idxFun(xStride,col,row){return(row-1) * xStride+col-1;}
430.
431.    for(var row=1;row<this.yDim;row++){
432.      for(var col=1;col<this.xDim;col++){
433.        var indexA=idxFun(this.xDim,col,row);
434.        var indexB=idxFun(this.xDim,col+1,row);
435.        var indexC=idxFun(this.xDim,col+1,row+1);
436.        var indexD=idxFun(this.xDim,col,row+1);
```

```
437.
438.        var t1 = newArray( indexA, indexD, indexC);
439.        var t2 = newArray( indexA, indexC, indexB);
440.        //console.log( indexA, indexB, indexC, indexD);
441.        elemList.push( new Elem( t1,0), new Elem( t2,0));//为绘制 Contour 提供三角单元序列
442.      }
443.    }
444. }
445.
446. function Debug( ){//输出调试信息,表格形式显示系数矩阵
447.    var table = document.createElement( "table" );
448.    table.setAttribute( "border" , "1" );
449.    table.setAttribute( "align" , "center" );
450.
451.    for( var index, node, row = this.yDim; row >= 1; row--){
452.      var tr = document.createElement( "tr" );
453.      for( var col = 1; col <= this.xDim; col++){
454.        var td = document.createElement( "td" );
455.
456.        index = this.indexFun( col, row);
457.        node = nodes[ index ];
458.
459.        td.innerHTML = node.aP.toFixed( 1);
460.        tr.appendChild( td);
461.      }
462.      table.appendChild( tr);
463.    }
464.    document.getElementById( "tbHost" ).appendChild( table);
465. }
466.
467. function ShowResults( ){//后处理,可视化
468.    var context = GetCanvasContext( "canvasContour" , "2d" );
469.
470.    var points = [ ], eleLst = [ ];
471.    this.GetContourData( points, eleLst);
472.
473.    var vK = ContourUtil.SpawnValueKey( points, 18);
474.    var cK = ColorUtil.getLegendColor( vK.length);
475.
476.    ContourUtil.DrawLegend( context, vK, 2);
477.
478.    function tsFun( pnt){
479.      var x = 8 * pnt.x+110;
480.      var y = 300-8 * pnt.y-20;
481.      returnnew XYZ( x,y,0);
482.    }
483.    ContourUtil.DrawAll( context, points, eleLst, tsFun, cK, vK, false);
484.    ContourUtil.ShowCoordnates( context, tsFun, 50, 30, 5, 3);
485.
486.    var chartCtx = GetCanvasContext( "canvasChart" , "2d" );
487.
```

```
488.    var x = [ ] , y0 = [ ] , index = 0 , row = 15 ;
489.    for( var col = 1 ; col < = this. xDim ; col++ ) {
490.        index = this. indexFun( col , row ) ;
491.        x. push( nodes[ index ]. x ) ;
492.        y0. push( nodes[ index ]. T ) ;
493.    }
494.
495.    var data = AssembledChartData( x , [ y0 , ] , [ "T" , ] ) ;
496.
497.    var myChart = new Chart( chartCtx ). Line( data , { responsive : true , xLabelsSkip : 10 , } ) ;
498.    var legendLabel = myChart. generateLegend( ) ;
499.    var legendHolder = document. getElementById( "legend" ) ;
500.    legendHolder. innerHTML = legendLabel ;
501. }
502.
503. var nodes = [ ] ;
504. var BCList = [ ] ;
505. var mtx = new SparseMatrix( 1E - 10 ) ;
506.
507. function onSolve( ) {
508.    var solution = new Solution( nodes ) ;
509.
510.    var nx = 50 , dx = 1 , ny = 30 , dy = 1 ;
511.    solution. SetUpGeometryAndMesh( nx , ny , dx , dy ) ;
512.
513.    var mtrl = new SimpleMaterial( 1 , 1 , 1 ) ;
514.    solution. ApplyMaterial( mtrl ) ;
515.
516.    var Tini = 0 ;
517.    var timeStep = 0. 1 ;
518.    console. log( "timeStep is set to:" + timeStep ) ;
519.    var iterations = 1000 ;
520.
521.    var bc01 = new BC( 1 ) , bc02 = new BC( 1 ) , bc03 = new BC( 1 ) ;
522.    bc01. value = 0 ; bc02. value = 0 ; bc03. value = 0 ;
523.    BCList. push( bc01 , bc02 , bc03 ) ;
524.
525.    solution. Initialize( Tini ) ;
526.
527.    solution. SetUpBoundaryCondition( ) ;
528. // var start = new Date. getTime( ) ;
529.    solution. Solve( iterations , ConjuageGradientMethod ) ; // 第二个参数可以选取 5 中求解方法
530. // alert( ( new Date. getTime( ) - start ) + "ms used" ) ;
531.    solution. ShowResults( ) ;
532. }
533.
534. function serialItem( x , y , a , b , A , B , k ) { // 解析解涉及到的无穷级数
535.    var theta = ( 2 * k + 1 ) * Math. PI/b ;
536.
537.    var result = 8 * A * b * b * sinh( theta * ( a - x ) ) ;
538.    result * = Math. sin( theta * y ) ;
```

```
539.    result/= (2 * k+1) * (2 * k+1) * (2 * k+1);
540.    result/= Math. PI * Math. PI * Math. PI;
541.    result/= sinh( theta * a);
542.
543.    return result;
544. }
545.
546. function realSolution( x, y, a, b, A, B, kmax) {//解析解
547.    var result = B * sinh( Math. PI * (b−y)/a);
548.    result/= sinh( Math. PI * b/a);
549.    result * = Math. sin( Math. PI * x/a);
550.
551.    for( var k = 0; k<kmax; k++) {
552.      result+= serialItem( x, y, a, b, A, B, k);
553.    }
554.
555.    return result;
556. }
557.
558. function main( ) {
559.    document. title = thisTitle;
560.    onSolve( );
561. }
```

补充说明一下上述代码中使用的 TDMA2D 方法，该方法将 TDMA 求解三对角方程组的算法拓展到二维情形。如图 4-18(a) 所示的 2D 计算域网格控制体，可以将其视作若干 1D 传热问题。图 4-18(a) 将 2D 计算域由南向北或由北向南分割为若干 1D 传热问题，计算时视各控制体南北相邻的控制体温度为已知（即上一时刻温度）；图 4-18(b) 将 2D 计算域由东向西或由西向东分割为若干 1D 传热问题，计算时视各控制体东西相邻的控制体温度为已知。根据式（4-18），二维温度场迭代格式为 $a_P T_P = a_E T_E + a_W T_W + a_N T_N + a_S T_S + b$，将其等效为求解如下两类一维传热问题：

$$a_P T_P = a_E T_E + a_W T_W + (a_N T_N^0 + a_S T_S^0 + b) \tag{4-21}$$

$$a_P T_P = a_N T_N + a_S T_S + (a_E T_E^0 + a_W T_W^0 + b) \tag{4-22}$$

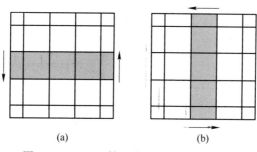

(a) (b)

图 4-18 TDMA 算法在 2D 问题中的使用

迭代过程中，为了使边界信息较快地传输到内部节点，本节程序，每个迭代循环中包含了 4 个迭代，由南向北扫描迭代，由北向南扫描迭代，由东向西扫描迭代，由西向东扫描迭代。

最后，依据本节代码对各算法的迭代次数及耗时统计见表 4-1，标准为与解析相差 0.02℃以内。

表 4-1　不同计算方法求解二维温度场迭代次数及耗时

Jacobi		Gauss-Seidel		SOR		TDMA2D		共轭梯度	
迭代次数	耗时/ms	迭代次数	耗时/ms	迭代次数	耗时/ms	迭代次数	耗时/ms	迭代次数	耗时/ms
1450	141	800	57	2200	128	420×4	848	—	51

几种线性方程组求解方法的讨论如下：（1）Gauss-Seidel 迭代法相对 Jacobi 迭代法收敛速度有显著提升。（2）SOR 方收敛速度受制于顺驰因子的选取。（3）TDMA2D应用到复杂计算域或者复杂网格比较困难，虽然降低了求解难度，但增加了迭代次数。（4）预处理双共轭梯度法属于"直接求解法"，不需要迭代，实用性强，耗时较少。

需要指出的是，本节对各种计算方法的测试对于共轭梯度法可能是"不公平的"，因为共轭梯度法求解函数也包含了建立链表生成稀疏矩阵的内容，最终测试结果体现了共轭梯度法在求解速度上的巨大优势。另外，使用 javaScript 内置 getTime( ) 函数确定计算时间并不精确，但能体现出各方法的速度趋势。

4.2.3　不同材料界面接触热阻的处理

前面介绍了 2D 温度场显式求解，本节尝试使用 2D 显式求解传热问题。传热计算过程中，计算域往往包含了多种材质，当不同材质之间接触不良时，会有接触热阻，接触热阻的确定比较复杂，请参考文献 [25]~[27]。如图 4-19 所示，材料 1 和材料 2 接触不紧密存在气息，界面两侧各有控制体 2 个，节点 W 到界面 i 处的热阻为 R_W，节点 E 到界面 I 处的热阻为 R_E，接触热阻为 R_i。根据热阻串联公式节点 W 到节点 E 之间的热阻 R_{WE} 为：

$$\frac{1}{C_{WE}} = R_{WE} = \frac{d_{WE}}{\lambda_{\text{eff}}} = R_W + R_i + R_E = \frac{d_{WI}}{\lambda_W} + R_i + \frac{d_{EI}}{\lambda_E} \qquad (4-23)$$

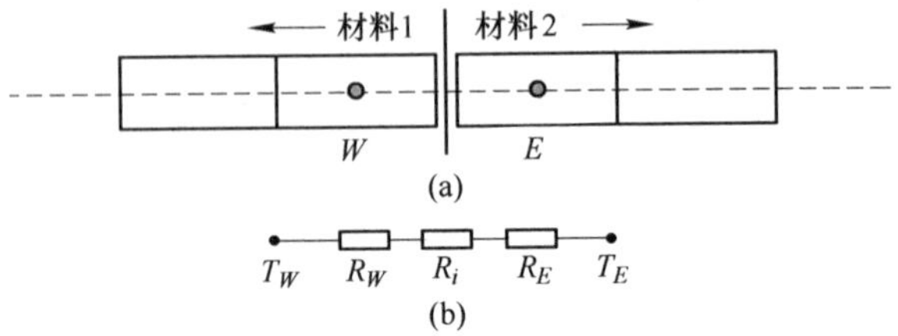

图 4-19　接触热阻示意图

式中，C 为热导；d 为距离；λ 为导热系数。

特别地，当网格均匀时，界面处等效导热系数 λ_{eff} 为：

$$\lambda_{\text{eff}} = \frac{d_{WE}}{d_{WI}/\lambda_1 + R_i + d_{IE}/\lambda_2} = \frac{2}{1/\lambda_1 + 2R_i/d_{WE} + 1/\lambda_2} \quad (4-24)$$

例：试使用显式计算方法编程实现如图 4-20 所示的矩形区域，由三种材料构成，其中材料 2 与材料 3 接触热阻为 100W/（$\text{m}^2 \cdot \text{℃}$），其他材料接触为良好接触，其中边 AB 和 BC 为绝热（对称）边界条件，AD 边为第二类热流边界条件，CD 边为第三类对流换热边界条件。

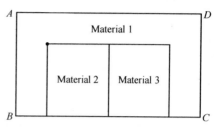

图 4-20 三种材料构成的矩形区域

代码实现如下：

代码 4-14

```
1.    var thisTitle = "2D 显式+多材质 & 边界条件设置";
2.    var eps = 1E-8;
3.    window. addEventListener("load", main, false);
4.
5.    function BC(type) {/* 篇幅所限,此处略去,参考其他章节 */}
6.    function SimpleMaterial(lmd, Cp, rho) {/* 篇幅所限,此处略去,参考其他章节 */}
7.
8.    var Node2D = function(x, y) {
9.      this. x = x; this. y = y; this. west = null; this. east = null; this. north = null; this. south = null;
10.     this. T = 0; this. T0 = 0;
11.     this. lmd = 0; this. lmd_n = 0; this. lmd_s = 0; this. lmd_w = 0; this. lmd_e = 0; this. Cp = 0; this. rho = 0;
12.     this. dx_w = 0; this. dx_e = 0; this. dy_n = 0; this. dy_s = 0;
13.     this. Sn = 1; this. Ss = 1; this. Se = 1; this. Sw = 1; this. Vol = 0;
14.     this. westConductance = 0; this. eastConductance = 0; this. northConductance = 0; this. southConductance = 0;
15.     this. Sc = 0; this. Sp = 0;
16.     this. bcType = -1;
17.     this. bcIndex = -1;
18.
19.     this. ApplyBC = ApplyBC;
20.     this. CalcNext = CalcNext;
21.   };
22.
23.   function ApplyBC(index, steadyState) {
24.     var bc = BCList[index];
25.
26.     this. bcIndex = index;
27.     this. bcType = bc. type;
28.
29.     if(bc. type == 1) {//第一类边界条件
30.       this. westConductance = 0; this. eastConductance = 0; this. northConductance = 0; this. southConductance = 0;
31.       this. T0 = bc. value; this. T = bc. value;
32.       return;
```

```
33.    }elseif( bc. type == 2){//第二类边界条件
34.        this. Sc += bc. value * this. Sn * this. Vol;//等效热源
35.        this. northConductance = 0;
36.        return;
37.    }elseif( bc. type == 3){//第三类边界条件
38.        this. east. T0 = bc. value;
39.        this. eastConductance = bc. alpha;
40.    }
41.    }
42.
43.    function CalcNext( timeStep, steadyState){
44.        var conductionHeat = 0;//总热量
45.
46.        conductionHeat += this. westConductance * ( this. west. T0-this. T0) * this. Sw;//西部传输净热量
47.        conductionHeat += this. eastConductance * ( this. east. T0-this. T0) * this. Se;//东部传输净热量
48.        conductionHeat += this. northConductance * ( this. north. T0-this. T0) * this. Sn;//北部传输净热量
49.        conductionHeat += this. southConductance * ( this. south. T0-this. T0) * this. Ss;//南部传输净热量
50.        conductionHeat += this. Sc * this. Vol;//内热源
51.
52.        var dT = conductionHeat * timeStep;
53.        dT /= this. Vol * this. rho * this. Cp;//计算当前净热量可使控制体升高的温度
54.
55.        this. T = this. T0+dT;//控制体下一时刻温度值
56.    }
57.
58.    var Solution = function( nodes){
59.    if( nodes) this. nodes = nodes;elsethis. nodes = [ ];
60.
61.    this. xDim = 10;this. yDim = 10;this. dx = 1;this. dy = 1;this. nodeNum = 100;this. flowTime = 0;
62.
63.    this. SetUpGeometryAndMesh = SetUpGeometryAndMesh;
64.    this. indexFun = indexFun;
65.    this. ApplyMaterial = ApplyMaterial;
66.    this. SetUpBoundaryCondition = SetUpBoundaryCondition;
67.    this. Initialize = Initialize;
68.    this. GetLastError = GetLastError;
69.    this. Solve = Solve;
70.    this. UpdateOld = UpdateOld;
71.    this. GetContourData = GetContourData;
72.    this. ShowResults = ShowResults;
73.    };
74.
75.    function SetUpGeometryAndMesh( nx, ny, dx, dy){
76.        this. xDim = nx+1;this. yDim = ny+1;this. dx = dx;this. dy = dy;
77.
78.        var index = 0;
79.        for( var col = 0;col<nx+3;col++){
80.          for( var row = 0;row<ny+3;row++){
81.            index = this. indexFun( col, row);
82.            nodes[ index] = new Node2D(( col-1) * dx,( row-1) * dy);
83.          }
```

```
84.    }
85.
86.    this. nodeNum = nodes. length;
87.
88.    for( var col = 1; col<nx+2; col++) {
89.      for( var row = 1; row<ny+2; row++) {
90.        index = this. indexFun( col, row);
91.
92.        nodes[ index]. east = nodes[ index+1];
93.        nodes[ index]. west = nodes[ index-1];
94.        nodes[ index]. north = nodes[ index+this. xDim+2];
95.        nodes[ index]. south = nodes[ index-this. xDim-2];
96.        nodes[ index]. Vol = dx * dy * 1;
97.        nodes[ index]. Se = dy * 1; nodes[ index]. Sw = dy * 1; nodes[ index]. Sn = dx * 1; nodes[ index]. Ss = dx * 1;
98.        nodes[ index]. dx_w = dx; nodes[ index]. dx_e = dx; nodes[ index]. dy_n = dy; nodes[ index]. dy_s = dy;
99.      }
100.   }
101.
102.   for( var col = 1, row = 1; row<ny+2; row++) {
103.     index = this. indexFun( col, row);
104.     nodes[ index]. Vol/ = 2. 0; nodes[ index]. Sn/ = 2. 0; nodes[ index]. Ss/ = 2. 0;
105.   }
106.
107.   for( var col = nx+1, row = 1; row<ny+2; row++) {
108.     index = this. indexFun( col, row);
109.     nodes[ index]. Vol/ = 2. 0; nodes[ index]. Sn/ = 2. 0; nodes[ index]. Ss/ = 2. 0;
110.   }
111.
112.   for( var row = 1, col = 1; col<nx+2; col++) {
113.     index = this. indexFun( col, row);
114.     nodes[ index]. Vol/ = 2. 0; nodes[ index]. Se/ = 2. 0; nodes[ index]. Sw/ = 2. 0;
115.   }
116.
117.   for( var row = ny+1, col = 1; col<nx+2; col++) {
118.     index = this. indexFun( col, row);
119.     nodes[ index]. Vol/ = 2. 0; nodes[ index]. Se/ = 2. 0; nodes[ index]. Sw/ = 2. 0;
120.   }
121. }
122.
123. function indexFun( col, row) { return row * ( this. xDim+2) +col; }
124.
125. function CalcLMD( nodeA, nodeB, d) {//计算不同材料间的等效导热系数
126.   varinterface = nodeA. mtrl+nodeB. mtrl;
127.   switch( interface) {
128.     case 2://Interface between mtrl 1 and 1,都是材料1,直接返回材料1导热系数
129.       return mtrl01. lmd;
130.     case 4://Interface between mtrl 2 and 2 都是材料2
131.       return mtrl02. lmd;
132.     case 8://Interface between mtrl 3 and 3 都是材料3
133.       return mtrl03. lmd;
134.     case 3://Interface between mtrl 1 and 2 材料1和材料2的界面,没有接触热阻
```

```
135.    return 2/(1/mtrl01.lmd+1/mtrl02.lmd);
136.    case 5://Interface between mtrl 1 and 3 材料1和材料3的界面,没有接触热阻
137.    return 2/(1/mtrl01.lmd+1/mtrl03.lmd);
138.    case 6://Interface between mtrl 2 and 3 材料2和材料3的界面,有接触热阻,按照公式计算
139.    return 2/(1/mtrl02.lmd+1/mtrl03.lmd+2*Ri/d);
140.    }
141. }
142.
143. function ApplyMaterial(){
144.    for(var i=0;i<this.nodeNum;i++){//Material A
145.      nodes[i].Cp=mtrl01.Cp;nodes[i].rho=mtrl01.rho;nodes[i].lmd=mtrl01.lmd;
146.      nodes[i].mtrl=Math.pow(2,0);
147.    }
148.
149.    for(var index,col=13;col<26;col++){//Material B
150.      for(var row=1;row<22;row++){
151.        index=this.indexFun(col,row);
152.        nodes[index].Cp=mtrl02.Cp;nodes[index].rho=mtrl02.rho;nodes[index].lmd=mtrl02.lmd;
153.        nodes[index].mtrl=Math.pow(2,1);
154.      }
155.    }
156.
157.    for(var index,col=26;col<39;col++){//Material C
158.      for(var row=1;row<22;row++){
159.        index=this.indexFun(col,row);
160.        nodes[index].Cp=mtrl03.Cp;nodes[index].rho=mtrl03.rho;nodes[index].lmd=mtrl03.lmd;
161.        nodes[index].mtrl=Math.pow(2,2);
162.      }
163.    }
164.
165.    for(var node,index,col=1;col<=this.xDim;col++){//计算各控制体与周边的等效导热系数
166.      for(var row=1;row<=this.yDim;row++){
167.        index=this.indexFun(col,row);
168.        node=nodes[index];
169.        node.lmd_e=CalcLMD(node,node.east,node.dx_e);
170.        node.eastConductance=node.lmd_e/node.dx_e;
171.
172.        node.lmd_w=CalcLMD(node,node.west,node.dx_w);
173.        node.westConductance=node.lmd_w/node.dx_w;
174.
175.        node.lmd_n=CalcLMD(node,node.north,node.dy_n);
176.        node.northConductance=node.lmd_n/node.dy_n;
177.
178.        node.lmd_s=CalcLMD(node,node.south,node.dy_s);
179.        node.southConductance=node.lmd_s/node.dy_s;
180.      }
181.    }
182. }
183.
184. function SetUpBoundaryCondition(){//设置边界条件
185.    for(var col=1,row=1,index=0;row<=this.yDim;row++){
```

```
186.        index = this. indexFun( col,row) ;
187.        nodes[ index] . ApplyBC( 0) ;
188.      }
189.
190.      for( var col = this. xDim, row = 1, index = 0; row <= this. yDim; row++) {
191.        index = this. indexFun( col,row) ;
192.        nodes[ index] . ApplyBC( 2) ;
193.      }
194.
195.      for( var row = 1, col = 1, index = 0; col <= this. xDim; col++) {
196.        index = this. indexFun( col,row) ;
197.        nodes[ index] . ApplyBC( 0) ;
198.      }
199.
200.      for( var row = this. yDim, col = 1, index = 0; col <= this. xDim; col++) {
201.        index = this. indexFun( col,row) ;
202.        nodes[ index] . ApplyBC( 1) ;
203.      }
204.  }
205.
206. function Initialize( Tini) {//初始化
207.    for( var i = 0; i < this. nodeNum; i++) { nodes[ i] . T0 = Tini; nodes[ i] . T = Tini; }
208.  }
209. function GetLastError( ) {/ * 篇幅所限,此处略去,参考其他章节 * /}
210.
211. function Solve( iterCnt, timeStep, steadyState) {
212.    for( var iter = 0; iter < iterCnt; iter++) {
213.      this. UpdateOld( ) ;
214.
215.      for( var index, col = 1; col <= this. xDim; col++) {
216.        for( var row = 1; row <= this. yDim; row++) {
217.          index = this. indexFun( col,row) ;
218.          nodes[ index] . CalcNext( timeStep) ;
219.        }
220.      }
221.
222.      if( ! steadyState) this. flowTime+ = timeStep;
223.    }
224.  }
225.
226. function UpdateOld( ) {
227.    for( var index = 0, col = 1; col <= this. xDim; col++) {
228.      for( var row = 1; row <= this. yDim; row++) {
229.        index = this. indexFun( col,row) ;
230.        nodes[ index] . T0 = nodes[ index] . T;
231.      }
232.    }
233.  }
234.
235. function GetContourData( pointList,elemList) {/ * 篇幅所限,此处略去,参考其他章节 * /}
236. function ShowResults( ) {/ * 篇幅所限,此处略去,参考其他章节 * /}
```

```
237.
238. var nodes = [ ] ;
239. var BCList = [ ] ;
240. var mtrl01 , mtrl02 , mtrl03 , Ri = 100 ;
241.
242. function onSolve( ) {
243.    var solution = new Solution( nodes) ;
244.
245.    var nx = 50 ; var dx = 1 ; var ny = 30 ; var dy = 1 ;
246.    solution. SetUpGeometryAndMesh( nx , ny , dx , dy ) ;
247.
248.    mtrl01 = new SimpleMaterial( 1 , 1 , 1 ) ;
249.    mtrl02 = new SimpleMaterial( 10 , 4 , 25 ) ;
250.    mtrl03 = new SimpleMaterial( 20 , 2 , 5 ) ;
251.    solution. ApplyMaterial( ) ;
252.
253.    var Tini = 300 ;
254.    var timeStep = 0. 1 ;
255.    console. log( " timeStep is set to : " + timeStep ) ;
256.    var iterations = 500 ;
257.
258.    var bc01 = new BC( 2 ) , bc02 = new BC( 2 ) , bc03 = new BC( 3 ) ;
259.    bc01. value = 0 ; bc02. value = 20 ; bc03. alpha = 5 ; bc03. value = 450 ;
260.    BCList. push( bc01 , bc02 , bc03 ) ;
261.
262.    solution. Initialize( Tini ) ;
263.
264.    solution. SetUpBoundaryCondition( ) ;
265.
266.    var steadyState = false ;
267.    solution. Solve( iterations , timeStep , steadyState ) ;
268.
269.    solution. ShowResults( ) ;
270. }
271.
272. function main( ) { document. title = thisTitle ; onSolve( ) ; }
```

计算结果如图 4-21 所示。

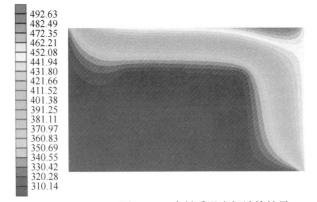

彩图请扫我

图 4-21   多材质温度场计算结果

图 4-22 所示为计算域中线附近的温度分布，可见由于接触热阻，在材料 2 与材料 3 中间（大约横向第 25 个节点）处有温度突变。

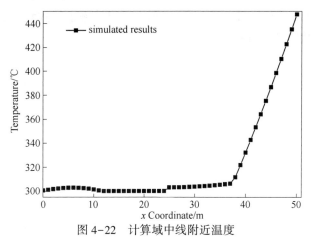

图 4-22 计算域中线附近温度

显式计算程序对边界条件的处理，更简洁，更有通用性，甚至可以将边界节点当做内部节点处理。另外，本程序对所有材料进行以 2 的幂值做等比序列编号，如 2^0，2^1，2^2，…，并设置控制体材料编号见表 4-2；若已知相邻控制体的材料编号之和，就能判断是哪两种材料，从而处理界面物性参数。

表 4-2 根据界面编号确定界面等效导热系数

界面编号	材料编号		
	1	2	4
1	2	3	5
2	3	4	6
4	5	6	8

需要注意的是，二维温度场显式求解，时间步长 Δt 选取应满足[28]满足 $\Delta t < 0.5/(D/\Delta x^2 + D/\Delta y^2)$ 才能获得有物理意义解[1]。式中，D 为热扩散系数，Δx 和 Δy 分别为 X 方向和 Y 方向上空间步长。

4.3 包含相变过程的温度场求解

包含相变过程的传热现象是典型的非线性问题，首先探讨非线性方程组的求解思路。

4.3.1 预备知识：Newton-Raphson 法求解非线性方程组

非线性方程组 $F = [F_1, F_2, \cdots, F_n]^T = [0, 0, \cdots, 0]^T$，式中，$F_1$，$F_2$，

…，F_n 为关于 n 个未知数 x_1，x_2，…，x_n 的非线性方程，真实解为 x_1^{real}，x_2^{real}，…，x_n^{real}，近似解为 x_1^*，x_2^*，…，x_n^*，如果能寻找到误差 x'_1，x'_2，…，x'_n，使得 $x_i^{real} = x_i^* + x'_i (i = 1, 2, …, n)$，则方程组的解也就找到了，将 F 在真实解附近做一级泰勒级数展开：

$$\begin{bmatrix} 0 \\ 0 \\ \vdots \\ 0 \end{bmatrix} = \begin{bmatrix} F_1(x_1^{real}, …, x_n^{real}) \\ F_2(x_1^{real}, …, x_n^{real}) \\ \vdots \\ F_n(x_1^{real}, …, x_n^{real}) \end{bmatrix} \approx \begin{bmatrix} F_1(x_1^*, …, x_n^*) + \dfrac{\partial F_1}{\partial x_1}x'_1 + \dfrac{\partial F_1}{\partial x_2}x'_2 + … + \dfrac{\partial F_1}{\partial x_n}x'_n \\ F_2(x_1^*, …, x_n^*) + \dfrac{\partial F_2}{\partial x_1}x'_1 + \dfrac{\partial F_2}{\partial x_2}x'_2 + … + \dfrac{\partial F_2}{\partial x_n}x'_n \\ \vdots \\ F_n(x_1^*, …, x_n^*) + \dfrac{\partial F_n}{\partial x_1}x'_1 + \dfrac{\partial F_n}{\partial x_2}x'_2 + … + \dfrac{\partial F_n}{\partial x_n}x'_n \end{bmatrix}$$

$$(4-25)$$

非线性方程组转化为求关于 x'_1，x'_2，…，x'_n 的线性方程组：

$$\begin{bmatrix} \dfrac{\partial F_1}{\partial x_1}x'_1 + \dfrac{\partial F_1}{\partial x_2}x'_2 + … + \dfrac{\partial F_1}{\partial x_n}x'_n \\ \dfrac{\partial F_2}{\partial x_1}x'_1 + \dfrac{\partial F_2}{\partial x_2}x'_2 + … + \dfrac{\partial F_2}{\partial x_n}x'_n \\ \vdots \\ \dfrac{\partial F_n}{\partial x_1}x'_1 + \dfrac{\partial F_n}{\partial x_2}x'_2 + … + \dfrac{\partial F_n}{\partial x_n}x'_n \end{bmatrix} = \begin{bmatrix} -F_1(x_1^*, x_2^*, …, x_n^*) \\ -F_2(x_1^*, x_2^*, …, x_n^*) \\ \vdots \\ -F_n(x_1^*, x_2^*, …, x_n^*) \end{bmatrix}$$

$$(4-26)$$

Newton-Raphson 方法求解非线性方程组的步骤为：（1）给定初始解 x_1^*，x_2^*，…，x_n^*；（2）根据线性方程组（4-26）计算得到误差 x'_1，x'_2，…，x'_n；（3）根据误差修正近似解 x_1^*，x_2^*，…，x_n^*；（4）重复步骤（2）和（3），直到误差 x'_1，x'_2，…，x'_n 逼近于 n 维空间的原点到规定阈值。

4.3.2　纯物质相变过程温度场求解

纯物质凝固算例[4]：如图 4-23 所示，在 0 时刻，足够长圆柱容器侧面绝热，内部盛满温度为 T_{sup} 纯物质，一端面温度固定为 T_{wall}，另一端温度固定为 T_{sup}，其中纯物质的熔点为 T_m，潜热、比热容、密度和导热系数分别为 L、c_p、ρ 及 λ，试计算纯物质的非稳态温度场。

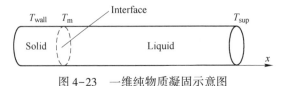

图 4-23　一维纯物质凝固示意图

上述问题的解析解为式（4-27）和式（4-28）[4]：

$$\frac{T_s - T_m}{T_w - T_m} = 1 - \frac{\mathrm{erf}(x/\sqrt{4\alpha_s t})}{\mathrm{erf}(X_i/\sqrt{4\alpha_s t})} \tag{4-27}$$

$$\frac{T_l - T_m}{T_{\sup} - T_m} = 1 - \frac{\mathrm{erfc}(x/\sqrt{4\alpha_l t})}{\mathrm{erfc}(X_i/\sqrt{4\alpha_l t})} \tag{4-28}$$

其中固液界面距左侧壁面（wall）的距离为 $X_i = C\sqrt{t}$，则有：

$$\frac{\rho L C}{2} = \frac{T_m - T_w}{\mathrm{erf}(C/\sqrt{4\alpha_s})}\frac{\lambda_s}{\sqrt{4\alpha_s}}\exp\left(\frac{-C^2}{4\alpha_s}\right) + \frac{T_m - T_{\sup}}{\mathrm{erfc}(C/\sqrt{4\alpha_l})}\frac{\lambda_l}{\sqrt{4\alpha_l}}\exp\left(\frac{-C^2}{4\alpha_l}\right)$$

$$\tag{4-29}$$

首先使用基于 python 编程语言的数值运算库 SciPy[29] 求解方程式式（4-29）（Python 程序使用#作为行注释）：

代码 4-15

```
1.   from scipy. optimize import fsolve #方程求解函数
2.   from scipy. special import erf,erfc #使用误差函数及余补误差函数声明
3.   from math import exp,sqrt#使用指数函数及开方运算声明
4.   #物性参数
5.   rho = 1#密度为 1kg/m³
6.   Cp = 4. 2E3#比热容为 4200J/kg/℃
7.   lmd = 0. 5#导热稀疏为 0. 5W/m/℃
8.   L = 3. 35E5#凝固潜热为 335000J/kg
9.   Tm = 0#熔点温度为 0℃
10.  Tsup = 2#过热温度为 2℃
11.  Twall = −10#壁面维度为 −10℃
12.  gamma = lmd/rho/Cp#热扩散系数:即导热系数除以密度与比热容之积
13.  #函数即方程式(4-29)
14.  def Cfun(Cx):
15.      C = float(Cx[0])
16.      a = (Tm−Twall)/erf(C/sqrt(4 * gamma))
17.      b = (Tm−Tsup)/erfc(C/sqrt(4 * gamma))
18.      result = (a+b) * lmd * exp(−C * C/4/gamma)
19.      result/= sqrt(3. 1415926 * gamma)
20.      result−= rho * L * C/2
21.      return[result]
22.  #求解方程组
23.  res = fsolve(Cfun,[1E−4])
```

使用上述 python 程序中的物性参数，求解结果为 $C = 0.00516784$。现使用温度回升法求解凝固过程的温度场，主要思路为：迭代计算过程中不考虑凝固潜热，将计算结果在后期不断修正（回升），若某节点计算得到温度低于熔点，由于潜热释放，该节点温度将有所回升，将回升值补偿给该节点。例如：熔点附近纯净水的凝固潜热约为 335000J/kg，比热容约 4200J/kg/℃，则凝固过程中水的凝固潜热最多可以使水温回升 335000J/kg÷4200J/(kg·℃)≈80℃（相当可观）；

第一迭代计算后，某节点水温由 40℃降低为 20℃，尚未达到熔点，无需温度补偿；第二迭代计算后，某节点水温由 20℃降低为 −20℃，由于潜热释放，温度回升 20℃至熔点 0℃（尚余 60℃可补偿）；第三次迭代节点温度由 0℃降低为 −50℃，同样由于潜热释放，温度回升 50℃至熔点 0℃（尚余 10℃可补偿）；第四次迭代节点温度由 0℃降低为 −20℃，同样由于潜热释放，温度仅可回升 10℃至 −10℃（此时已无潜热可补偿）；第五次迭代节点温度由 −10℃降低为 −20℃，由于潜热释放完毕，无需补偿……

　　如下代码根据温度回升法求解本节例题，物性参数选取 python 程序注释中给定的参数：

代码 4-16

```
1.    var thisTitle = "1D 纯物质包含潜热温度场求解";
2.    window.addEventListener("load", main, false);
3.
4.    function PureMaterial(lmd, Cp, rho, Tm, L){//纯物质材料类,如描述单晶
5.      this.lmd = lmd; this.Cp = Cp; this.rho = rho;//设置导热稀疏,比热和密度
6.      this.Tm = Tm;//熔点
7.      this.L = L;//凝固热焓
8.    }
9.
10.   var Node1D = function(x){//节点类
11.     this.x = x; this.west = null; this.east = null; this.T = 0; this.T0 = 0;
12.     this.Tmakeup = 0;//凝固过程中,根据温度回升法,可以补偿的温度值
13.     this.Vol = 0; this.lmd_w = 0; this.lmd_e = 0; this.Cp = 0; this.rho = 0;
14.     this.dx_w = 0; this.dx_e = 0; this.Sc = 0; this.Sp = 0; this.bcType = 0;
15.     this.Se = 1; this.Sw = 1; this.aE = 0; this.aW = 0; this.aP = 0; this.aP0 = 0; this.b = 0;
16.     this.ApplyBC1 = ApplyBC1; this.CalcMatrics = CalcMatrics;
17.   };
18.
19.   function ApplyBC1(value){/*篇幅所限,此处略去,参考其他章节*/}
20.   function CalcMatrics(timeStep){/*篇幅所限,此处略去,参考其他章节*/}
21.   var Solution = function(nodes){/*篇幅所限,此处略去,参考其他章节*/};
22.   function SetUpGeometryAndMesh(nx, dx){/*篇幅所限,此处略去,参考其他章节*/}
23.
24.   function ApplyMaterial(material){
25.     var Tmakeup = material.L/material.Cp;
26.     for(var j = 1; j <= this.nx+1; j++){
27.       nodes[j].Cp = material.Cp; nodes[j].rho = material.rho;
28.       nodes[j].lmd_w = material.lmd; nodes[j].lmd_e = material.lmd;
29.
30.       nodes[j].Tmakeup = Tmakeup;
31.     }
32.   }
33.
34.   function SetUpBoundaryCondition(Twall, Tsup){ nodes[1].ApplyBC1(Twall);
        nodes[this.nx+1].ApplyBC1(Tsup);}
35.   function Initialize(Tini){ for(var j = 1; j <= this.nx+1; j++){ nodes[j].T0 = Tini;}}
36.   function CombineMatric(timeStep, AMatric, bRHS){/*篇幅所限,此处略去,参考其他章节*/}
37.   function GetLastError(){/*篇幅所限,此处略去,参考其他章节*/}
```

```
38.
39.     function Solve(iterCnt, timeStep) {
40.       var dim = this.nx+1, deltT = 0;
41.       var AMatric = newArray(dim * 3); var bRHS = newArray(dim); var root = newArray(dim);
42.
43.       for(var iter = 0; iter < iterCnt; iter++) {
44.         this.CombineMatric(timeStep, AMatric, bRHS);
45.         SolveByTDMA(dim, AMatric, bRHS, root)
46.
47.         for(var j = 2; j <= dim; j++) {
48.
49.           if((root[j-1]<mtrl.Tm)&&(nodes[j].Tmakeup>0))){//潜热是否释放完毕
50.             deltT = mtrl.Tm-root[j-1];//潜热充分时温度最高回升到熔点
51.             if(deltT<=nodes[j].Tmakeup){//当前潜热可以回升到熔点
52.               nodes[j].T0 = mtrl.Tm;//温度回升到熔点
53.               nodes[j].Tmakeup-=deltT;//下次迭代可回升的最高温度
54.             }else{//当前潜热不能回升到熔点,潜热将在本次迭代过程释放完毕
55.               nodes[j].T0+=nodes[j].Tmakeup;//温度回升
56.               nodes[j].Tmakeup=0;//当前潜热已释放完毕
57.             }
58.           }else{
59.             nodes[j].T0 = root[j-1];
60.           }
61.         }
62.
63.       this.flowTime+=timeStep;
64.     }
65.   }
66.
67.     function ShowResults(){/*篇幅所限,此处略去,参考其他章节*/}
68.
69.   var nodes = []; var mtrl;
70.   var lmd = 0.5; var Cp = 4.2E3; var rho = 1; var L = 3.35E5;
71.   var gamma = lmd/rho/Cp; var Tsup = 2; var Tini = Tsup; var Twall = -10; var Tm = 0;
72.
73.   function onSolve() {
74.     var solution = new Solution(nodes);
75.
76.     var nx = 50; var dx = 0.01;
77.     solution.SetUpGeometryAndMesh(nx, dx);
78.
79.     mtrl = new PureMaterial(lmd, Cp, rho, Tm, L);
80.     solution.ApplyMaterial(mtrl);
81.
82.     solution.Initialize(Tini);
83.
84.     solution.SetUpBoundaryCondition(Twall, Tsup);
85.
86.     var maxTimeStep = 0.5 * rho * Cp * dx * dx/lmd;
87.     var timeStep = maxTimeStep * 0.9;
88.     var iterations = 100;
```

```
89.
90.    solution. Solve( iterations , timeStep ) ;
91.
92.    solution. ShowResults( ) ;
93.  }
94.
95.  function main( ) {
96.    document. title = thisTitle ; onSolve( ) ;
97.  }
98.
99.  function realSolution( xPos , xInterface , time ) { //解析解
100.   if( xPos>xInterface ) return realTliq( xPos , xInterface , time ) ;
101.   elsereturn realTsol( xPos , xInterface , time ) ;
102. }
103.
104. function realTsol( xPos , xInterface , time ) { //固相区解析解
105.   var ratio = erf( xPos/Math. sqrt( 4 * gamma * time ) ) ;
106.   ratio/ = erf( xInterface/Math. sqrt( 4 * gamma * time ) ) ;
107.   ratio = 1 - ratio ;
108.   return ratio * ( Twall - Tm ) + Tm ;
109. }
110.
111. function realTliq( xPos , xInterface , time ) { //液相区解析解
112.   var ratio = erfc( xPos/Math. sqrt( 4 * gamma * time ) ) ;
113.   ratio/ = erfc( xInterface/Math. sqrt( 4 * gamma * time ) ) ;
114.   ratio = 1 - ratio ;
115.   return ratio * ( Tsup - Tm ) + Tm ;
116. }
```

数值计算结果与解析解如图 4-24 所示，吻合较好。

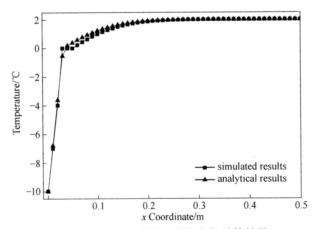

图 4-24　纯物质凝固过程温度场计算结果

4.3.3　非纯物质相变过程中温度场计算

非纯物质没有熔点，纯液态物质凝固过程中，有固态析出时的温度称为液相

线温度，当液相完全消失时的温度称为固相线温度。液相线和固相线温度之间区域称为糊状区。

例：如图 4-25 所示，在 0 时刻，足够长圆柱容器侧面绝热，内部盛满温度为 T_{sup} 的 SPHC 钢，一端面温度固定为 T_{wall}，另一端温度固定为 T_{sup}，其中非纯物质的固相线和液相线为 T_{sol} 及 T_{liq}，潜热、比热容、密度和导热系数分别为 L、c_p、ρ 及 λ，试计算非稳态温度场。

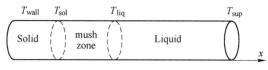

图 4-25 一维非纯物质凝固示意图

对于非纯物质的凝固潜热计算，同样有温度回升法、热焓法、等效比热法、等效热源法等，本节分别使用隐式温度回升法、显式热焓法和直接求解法求解凝固过程中的温度场，其他方法请参考文献 [31]~[34] 等：

（1）温度回升法：对非纯物质，例如合金凝固过程的温度回升法，与纯物质凝固类似，4.3.2 节已详述，只是在迭代过程中，若节点温度低于固相线时，开始温度补偿。

（2）显式热焓法：温度回升法有很大的局限性，例如当求解水的融化而不是凝固过程，程序需要重新设计为"温度回降"法才能计算，程序没有通用性。凝固过程中，纯物质所包含热量虽然在变化，但温度不能反映出来，故热焓能够更直观的描述凝固过程中物质所包含的热量，将式（4-4）一维显式温度场计算公式改写为：

$$(\rho \cdot V)_P \cdot \frac{h_P - h_P^0}{\Delta t} = \sum_{nb=E, W} C_{nb} \cdot (T_{nb}^0 - T_P^0) \cdot S_{nb} + q \cdot V \qquad (4\text{-}30)$$

式（4-30）中，方程右侧都为物性参数或者上一时刻温度值，是可计算的，左侧的 h_P^0 可以根据 T_P^0 计算得到，所以下一时刻节点 P 的热焓 h_P 可以计算得到，如何根据热焓计算得到温度值？这就要求温度 T 与热焓 h 存在简单的关系，例如假设：

$$h = H_0 + L \times lf + c_p T \qquad (4\text{-}31)$$

式中，lf 为液相体积分数。纯液相中 $lf = 1$，纯固相中 $lf = 0$，糊状区中 $lf = (T - T_{sol})/(T_{liq} - T_{sol})$。另外值得一提的是，$lf$ 的计算公式种类繁多，不同计算公式可能对计算结果影响巨大[31]。

通常将绝对 0K（约 -273.15℃）的热焓设定为 0。热焓的绝对值意义不大，热焓的变化值才有意义。综上，可以通过式（4-30）计算某控制体热焓变化，再根据热焓公式（例如式（4-31））反推温度。

（3）直接求解：若无内热源，将式（4-5）一维隐式温度场迭代公式改写为：

$$(\rho \cdot V)_P \cdot \frac{h_P - h_P^0}{\Delta t} = \sum_{nb = E,\ W} C_{nb} \cdot (T_{nb} - T_P) \cdot S_{nb} \tag{4-32}$$

若糊状区热焓与温度呈非线性关系，上式可整理为一个非线性方程：

$$F_P(T_W,\ T_P,\ T_E) = a_{P0}h(T_P) + a_E T_P + a_W T_P - a_E T_E - a_W T_W - b = 0$$

$$\tag{4-33}$$

式中，$a_E = \lambda_e S_e/d_e$，$a_W = \lambda_w S_w/d_w$，$a_{P0} = \rho V/\Delta t$，$b = a_{P0}h(T_P^0)$。对于 n 个节点的计算域，有 n 个类似于式（4-33）的非线性方程组，将这些方程联立，即可求解得到温度场，幸运的是，联立的方程组依然是三对角方程组。现探讨使用 Newton-Raphson 方法求解温度场，假设式（4-33）近似解为 $(T_W^*,\ T_P^*,\ T_E^*)$，将其在真实解 $(T_W^* + T'_W,\ T_P^* + T'_P,\ T_E^* + T'_E)$ 附近做一级泰勒级数展开：

$$F_P(T_W^*,\ T_P^*,\ T_E^*) - a_E T'_E + (a_{P0}h' T_P^* + a_E + a_W)T'_P - a_W T'_W \approx 0 \tag{4-34}$$

为了便于编程，将式（4-34）整理如下：

$$a'_P T'_P = a'_E T'_E + a'_W T'_W + b' \tag{4-35}$$

式中，$a'_P = a_{P0}h'(T_P^*) + a_E + a_W$，$b' = -F_P(T_W^*,\ T_P^*,\ T_E^*)$，$a'_E = a_E$，$a'_W = a_W$。显然 a'_W、a'_P 和 a'_E 就是线性方程组的三对角元素，b' 为常数项。为使用 Newton-Raphson 方法解非线性方程组，使热焓对温度的一阶导数连续，假设温度为 0℃时的热焓为 0，热焓与温度 T 在糊状区关系如下：

$$h(T) = aT^3 + bT^2 + cT + d \tag{4-36}$$

很明显式（4-31）的一阶导数不连续，为了使得式（4-36）及其导数在液相线 T_l 和固相线 T_s 处连续（从而便于求解非线性方程组），有如下四个关系式：

$$aT_l^3 + bT_l^2 + cT_l + d = C_P T_l + L \tag{4-37}$$

$$aT_s^3 + bT_s^2 + cT_s + d = C_P T_s \tag{4-38}$$

$$h'\big|_{T=T_l} = 3aT_l^2 + 2bT_l + c = C_{P,\ l} \tag{4-39}$$

$$h'\big|_{T=T_s} = 3aT_s^2 + 2bT_s + c = C_{P,\ s} \tag{4-40}$$

假设液相和固相的比热容恒定为 c_p，通过以上 4 个方程求解 a、b、c 和 d，借助基于 Python 语言的符号运算库 sympy[30]，输入以上方程组并求解，python 代码如下：

代码 4-17

```
1.   from sympy import * #导入 sympy 库
2.   var('a b c d Tl Ts Cp L')#定义变量，并求解方程组
3.   solve([Eq(a*Tl*Tl*Tl+b*Tl*Tl+c*Tl+d,Cp*Tl+L),Eq(a*Ts*Ts*Ts+b*Ts*Ts+c*Ts+d,
     Cp*Ts),Eq(3*a*Tl*Tl+2*b*Tl+c,Cp),Eq(3*a*Ts*Ts+2*b*Ts+c,Cp)],[a,b,c,d])
```

sympy 求解该方程组得到多项式系数为：

$$a = \frac{2L}{-(T_1 - T_s)^3} \tag{4-41}$$

$$b = \frac{3L(T_1 + T_s)}{(T_1 - T_s)^3} \tag{4-42}$$

$$c = \frac{c_p T_1^3 - 3c_p T_1^2 T_s + 3c_p T_1 T_s^2 - c_p T_s^3 - 6LT_1 T_s}{(T_1 - T_s)^3} \tag{4-43}$$

$$d = \frac{LT_s^2(3T_1 - T_s)}{(T_1 - T_s)^3} \tag{4-44}$$

温度高于液相线时热焓为 $L+c_p T$，低于固相线时热焓为 $c_p T$。现假设某成分 SPHC 钢的密度、比热容、导热系数、潜热、液相线、固相线分别为 7200kg/m³、0.68kJ/(kg·℃)、34W/(m·℃)、0.27MJ/kg、1531℃ 和 1504℃，热焓计算结果如图 4-26 所示。

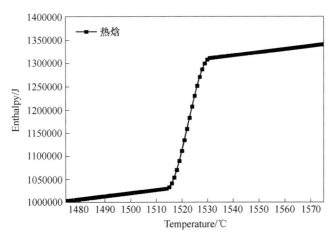

图 4-26 SPHC 钢的在糊状区附近的热焓值

如下程序分别使用隐式温度回升法、显式热焓法及直接求解法计算了某成分微合金钢凝固过程中温度场变化：

代码 4-18

```
1.    var thisTitle = "合金凝固过程求解温度场";
2.    window. addEventListener("load", main, false);
3.
4.    function ImpureMaterial(lmd, Cp, rho, Tsol, Tliq, L) {
5.      this. lmd = lmd; this. Cp = Cp; this. rho = rho;//导热系数、比热容、密度
6.      this. Tsol = Tsol; this. Tliq = Tliq;//固相线和液相线温度
7.      this. dT = Tliq-Tliq; this. L = L;//潜热
8.      this. lf = 0; this. H0 = 0;//液相体积分数和0℃的热焓值
9.      this. Hliq = 0;//液相线温度对应的热焓
10.     this. Hsol = 0;//固相线温度对应的热焓值
```

```
11.      this. initMaterial = initMaterial;//计算材料的一些参数
12.      this. H2T = H2T;//根据热焓计算对应温度值
13.      this. T2H = T2H;//根据温度计算热焓值,使用液相体积分数
14.      this. T2HPoly = T2HPoly;//根据温度计算热焓值,使用 3 次多项式
15.      this. diffH = diffH;//热焓函数的导数函数
16.      this. getLiquidFration = getLiquidFration;//计算液相体积分数
17.      this. initMaterial( );
18.    }
19.
20.    function initMaterial( ) {
21.      var dT = this. dT = this. Tliq-this. Tsol;
22.      this. Hsol = this. Cp * this. Tsol+this. H0;//固相线温度对应的热焓值
23.      this. Hliq = this. Cp * this. Tliq+this. L+this. H0;//液相线温度对应的热焓值
24.      var Cp = this. Cp, Tliq = this. Tliq, Tsol = this. Tsol, L = this. L;
25.   //糊状区热焓与温度函数关系,三次多项式的系数计算,根据前述 sympy 程序计算结果
26.      this. a = -2 * L/dT/dT/dT;
27.      this. b = 3 * L * (Tliq+Tsol)/dT/dT/dT;
28.      this. c = ( Cp * Tliq * Tliq * Tliq-3 * Cp * Tliq * Tliq * Tsol+3 * Cp * Tliq * Tsol * Tsol-Cp * Tsol * Tsol
           * Tsol-6 * L * Tliq * Tsol)/dT/dT/dT;
29.      this. d = L * Tsol * Tsol * ( 3 * Tliq-Tsol)/dT/dT/dT;
30.      console. log( "abcd:", this. a, this. b, this. c, this. d) ;//输出调试信息
31.    }
32.
33.    function getLiquidFration(t) {//获取液相体积分数
34.      if( t >= this. Tliq) this. lf = 1;//高于液相线温度,液相体积分数为 1
35.      elseif( t > this. Tsol) this. lf = ( t-this. Tsol)/( this. Tliq-this. Tsol) ;
36.      elsethis. lf = 0;//低于固相线温度,液相体积分数为 0
37.      returnthis. lf;
38.    }
39.
40.    function H2T( h) {//根据热焓反推温度值
41.      if( h < this. Hsol) { return( h-this. H0)/this. Cp;
42.      } elseif( h < this. Hliq) {
43.        var Cp_eff = this. Cp+this. L/this. dT;
44.        var b_offset = -this. Tsol * this. L/this. dT;
45.        return( h-this. H0-b_offset)/Cp_eff;
46.      } else{ return( h-this. H0-this. L)/this. Cp; }
47.    }
48.
49.    function T2H(t) { returnthis. Cp * t+this. L * this. getLiquidFration(t)+this. H0; }//根据温度计算热焓
50.
51.    function T2HPoly(t) {//根据 3 次多项式计算热焓值
52.      if( t < this. Tsol) returnthis. Cp * t+this. H0;//固相区
53.      if( t > this. Tliq) returnthis. Cp * t+this. L+this. H0;//液相区
54.      returnthis. a * t * t * t+this. b * t * t+this. c * t+this. d;//糊状区使用多项式计算
55.    }
56.
57.    function diffH(t) {//热焓导数
58.      if( ( t < this. Tsol) || ( t > this. Tliq) ) returnthis. Cp;//非糊状区
59.      return 3 * this. a * t * t+2 * this. b * t+this. c;//糊状区
60.    }
```

```
61.
62.    var Node1D = function( x ) {
63.      this. x = x; this. west = null; this. east = null;
64.
65.      this. T = 0; this. T0 = 0; this. H = 0; this. H0 = 0; this. Tmakeup = 0;
66.      this. Vol = 0; this. lmd_w = 0; this. lmd_e = 0; this. Cp = 0; this. rho = 0; this. dx_w = 0; this. dx_e = 0;
67.      this. Se = 1; this. Sw = 1; this. aE = 0; this. aW = 0; this. aP = 0; this. aP0 = 0; this. b = 0; this. Sc = 0; this. Sp = 0;
68.      this. bcType = 0;
69.
70.      this. ApplyBC1 = ApplyBC1; this. CalcMatrics = CalcMatrics;
71.      this. CalcMatrics2 = CalcMatrics2; this. CalcNext = CalcNext;
72.    };
73.
74.    function ApplyBC1( value ) {
75.      this. bcType = 1; this. aW = 0; this. aE = 0; this. aP = 1; this. b = value;
76.      this. T = this. T0 = value; //设置边界温度
77.      this. H = this. H0 = mtrl. T2H( value ); //同时设置边界节点热焓值
78.    }
79.
80.    function CalcMatrics( timeStep ) { //计算系数矩阵,基于简单热焓温度关系式
81.      if( this. bcType == 1 ) return;
82.
83.      this. aW = this. Sw * this. lmd_w/this. dx_w;
84.      this. aE = this. Se * this. lmd_e/this. dx_e;
85.      this. aP0 = this. rho * this. Cp * this. Vol/timeStep;
86.      this. aP = this. aE+this. aW+this. aP0-this. Sp * this. Vol;
87.      this. b = this. Sc * this. Vol+this. aP0 * this. T0;
88.    }
89.
90.    function CalcMatrics2( timeStep ) { //计算非线性方程组系数矩阵,基于3次多项式的热焓温度关系
91.      if( this. bcType == 1 ) return;
92.
93.      this. aW = this. Sw * this. lmd_w/this. dx_w;
94.      this. aE = this. Se * this. lmd_e/this. dx_e;
95.      this. aP0 = this. rho * this. Vol/timeStep;
96.      this. aP = this. aE+this. aW+this. aP0 * mtrl. diffH( this. T0 );
97.      this. b = this. aE * ( this. east. T0-this. T0 )+this. aW * ( this. west. T0-this. T0 );
98.    }
99.
100. function CalcNext( timeStep ) { //显式计算下一时刻温度/热焓值
101.    if( this. bcType == 1 ) return;
102.
103.    var conductionHeat = 0;
104.    conductionHeat+ = this. aW * ( this. west. T0-this. T0 );
105.    conductionHeat+ = this. aE * ( this. east. T0-this. T0 );
106.    conductionHeat+ = this. Sc * this. Vol;
107.
108.    var deltaH = conductionHeat * timeStep;
109.    deltaH/ = this. Vol * this. rho;
110.    this. H = this. H0+deltaH; //能量变化就是热焓变化
111.    this. T = mtrl. H2T( this. H ); //根据热焓推算温度
```

```
112. }
113.
114. var Solution = function( nodes) {
115.   if( nodes) this. nodes = nodes;
116.   elsethis. nodes = [ ];
117.
118.   this. nx = 10; this. dx = 1; this. flowTime = 0;
119.
120.   this. SetUpGeometryAndMesh = SetUpGeometryAndMesh;
121.   this. ApplyMaterial = ApplyMaterial;
122.   this. SetUpBoundaryCondition = SetUpBoundaryCondition;
123.   this. CombineMatric = CombineMatric;
124.   this. Initialize = Initialize;
125.   this. Solve = Solve;
126.   this. SolveH = SolveH;
127.   this. SolveDirectly = SolveDirectly;
128.   this. UpdateOld = UpdateOld;
129.   this. ShowResults = ShowResults;
130. } ;
131.
132. function SetUpGeometryAndMesh( nx , dx) {
133.   this. nx = nx; this. dx = dx;
134.
135.   for( var i = 0; i<nx+3; i++) {
136.     nodes[ i ] = new Node1D( ( i−1) * dx) ;
137.   }
138.
139.   for( var j = 1; j <= nx+1; j++) {
140.     nodes[ j ]. west = nodes[ j−1 ];
141.     nodes[ j ]. east = nodes[ j+1 ];
142.   }
143.
144.   for( var k = 1; k < = nx+1; k++) {
145.     nodes[ k ]. Vol = dx * 1 * 1;
146.     nodes[ k ]. Se = 1;
147.     nodes[ k ]. Sw = 1;
148.     nodes[ k ]. dx_w = dx;
149.     nodes[ k ]. dx_e = dx;
150.   }
151.
152.   nodes[ 1 ]. Vol/ = 2; nodes[ nx+1 ]. Vol/ = 2;
153. }
154.
155. function ApplyMaterial( material) {
156.   var Tmakeup = material. L/material. Cp;//节点最高可以回升的温度
157.   for( var j = 1; j < = this. nx+1; j++) {
158.     nodes[ j ]. Cp = material. Cp;
159.     nodes[ j ]. rho = material. rho;
160.     nodes[ j ]. lmd_w = material. lmd;
161.     nodes[ j ]. lmd_e = material. lmd;
162.
163.     nodes[ j ]. Tmakeup = Tmakeup;
164.   }
```

```
165. }
166.
167. function SetUpBoundaryCondition(Twall,Tsup){
168.    nodes[1].ApplyBC1(Twall);nodes[this.nx+1].ApplyBC1(Tsup);
169. }
170.
171. function Initialize(Tini){
172.    var h0=mtrl.T2H(Tini);
173.    for(var j=1;j<=this.nx+1;j++){
174.      nodes[j].T=nodes[j].T0=Tini;//温度初始化
175.      nodes[j].H=nodes[j].H0=h0;//热焓初始化
176.    }
177. }
178.
179. function CombineMatric(timeStep,AMatric,bRHS,poly){//poly 为 true 时,使用非线性方程组计算
180.    var bngIndex=poly? 2∶1;
181.    var endIndex=poly?(this.nx):(this.nx+1);
182.    for(var node,baseIndex,i=bngIndex;i<=endIndex;i++){
183.      node=this.nodes[i];
184.      if(poly)node.CalcMatrics2(timeStep);
185.      else node.CalcMatrics(timeStep);
186.      baseIndex=poly?(3*(i-2)):(3*(i-1));
187.      AMatric[baseIndex]=-node.aW;
188.      AMatric[baseIndex+1]=node.aP;
189.      AMatric[baseIndex+2]=-node.aE;
190.      bRHS[poly?(i-2):(i-1)]=node.b;
191.    }
192. }
193.
194. function Solve(iterCnt,timeStep){//方法 1:温度回升法
195.    var dim=this.nx+1,deltT=0;
196.    var AMatric=newArray(dim*3);
197.    var bRHS=newArray(dim);
198.    var root=newArray(dim);
199.
200.    for(var iter=0;iter < iterCnt;iter++){
201.      this.CombineMatric(timeStep,AMatric,bRHS);
202.      SolveByTDMA(dim,AMatric,bRHS,root)
203.      this.flowTime+=timeStep;
204.      for(var j=2;j<=dim;j++){
205.        if((root[j-1]<mtrl.Tsol)&&(nodes[j].Tmakeup>0)){//潜热是否释放完毕
206.          deltT=mtrl.Tsol-root[j-1];//回升到固相线的温度差
207.          if(deltT<=nodes[j].Tmakeup){//潜热未释放完毕,且可以使温度回升到固相线
208.            nodes[j].T0=mtrl.Tsol;
209.            nodes[j].Tmakeup-=deltT;//修改最高温度回升值
210.          }else{//潜热未释放完毕,但已不能让温度回升到固相线
211.            nodes[j].T0+=nodes[j].Tmakeup;//温度回升
212.            nodes[j].Tmakeup=0;//此时潜热释放完毕
213.          }
214.        }else{//潜热已经释放完毕,不必再回升
215.          nodes[j].T0=root[j-1];
216.        }
```

```
217.      }
218.    }
219.    //Save Resluts to T1
220.    for(var i=1;i<=this.nx+1;i++) nodes[i].T1=nodes[i].T0;
221.  }
222.
223.  function SolveH(iterCnt,timeStep){//方法 2,热焓法
224.    for(var i=1;i<=this.nx+1;i++){
225.      nodes[i].CalcMatrics(timeStep);
226.    }
227.
228.    for(var iter=0;iter < iterCnt;iter++){
229.      this.UpdateOld();
230.      this.flowTime+=timeStep;
231.      for(var i=1;i<=this.nx+1;i++){
232.        nodes[i].CalcNext(timeStep);//计算每一步热焓变化值,再反推节点温度
233.      }
234.    }
235.    //Save Resluts to T2
236.    for(var i=1;i<=this.nx+1;i++) nodes[i].T2=nodes[i].T0;
237.  }
238.
239.  function SolveDirectly(iterCnt,timeStep){//方法 3,直接求解非线性方程组的解
240.    var dim=this.nx-1;
241.    var AMatric=newArray(dim*3);
242.    var bRHS=newArray(dim);
243.    var root=newArray(dim);
244.
245.    for(var iter=0;iter < iterCnt;iter++){//外迭代,时间推进
246.      for(var sweep=0;sweep<3;sweep++){//内迭代求解非线性方程组的解,时间不推进
247.        this.CombineMatric(timeStep,AMatric,bRHS,true);
248.        SolveByTDMA(dim,AMatric,bRHS,root)
249.        for(var j=2;j<=dim;j++){ nodes[j].T0+=root[j-1];}
250.      }
251.      this.flowTime+=timeStep;
252.    }
253.    //Save Resluts to T3
254.    for(var i=1;i<=this.nx+1;i++) nodes[i].T3=nodes[i].T0;
255.  }
256.
257.  function UpdateOld(){
258.    for(var i=1;i<=this.nx+1;i++){
259.      nodes[i].T0=nodes[i].T;
260.      nodes[i].H0=nodes[i].H;
261.    }
262.  }
263.
264.  function ShowResults(){
265.    var x=[],y0=[],y1=[],y2=[];
266.
267.    for(var i=1;i<=this.nx+1;i++){ x[i-1]=nodes[i].x;y0[i-1]=nodes[i].T1;y1[i-1]=nodes[i].
         T2;y2[i-1]=nodes[i].T3;}
```

```
268.
269.    var chartCtx = GetCanvasContext("canvasChart","2d");
270.    var data = AssembledChartData(x,[y0,y1,y2],["温度回升法","热熔法","Newton-Raphson"]);
271.
272.    var myLine = new Chart(chartCtx).Line(data,{responsive:true,xLabelsSkip:10,});
273.    var legendLabel = myLine.generateLegend();
274.    var legendHolder = document.getElementById("legend");
275.    legendHolder.innerHTML = legendLabel;
276. }
277.
278. var nodes = [];var mtrl;var lmd = 34,Cp = 680,rho = 7200,L = 2.7E5;
279. var Tini = 1550,Twall = 1500,Tsol = 1514,Tliq = 1531;
280.
281. function onSolve(){
282.    var solution = new Solution(nodes);
283.
284.    var nx = 50;var dx = 0.01;solution.SetUpGeometryAndMesh(nx,dx);
285.
286.    mtrl = new ImpureMaterial(lmd,Cp,rho,Tsol,Tliq,L);solution.ApplyMaterial(mtrl);
287.
288.    var maxTimeStep = 0.5 * rho * Cp * dx * dx/lmd;
289.    var timeStep = maxTimeStep * 0.9;var iterations = 20;
290.    //1. 温度回升法
291.    solution.Initialize(Tini);solution.SetUpBoundaryCondition(Twall,Tini);
292.    solution.Solve(iterations,timeStep);
293.    //2. 热熔法
294.    solution.Initialize(Tini);solution.SetUpBoundaryCondition(Twall,Tini);
295.    solution.SolveH(iterations,timeStep);
296.    //3. 算了,不迭代了,直接求解非线性方程组好了
297.    solution.Initialize(Tini);solution.SetUpBoundaryCondition(Twall,Tini);
298.    solution.SolveDirectly(iterations,timeStep);
299.    //显示计算结果
300.    solution.ShowResults();
301. }
302.
303. function main(){
304.    document.title = thisTitle;onSolve();
305. }
```

计算结果如图 4-27 所示。

图中可见不同算法对凝固过程温度场计算有较大影响。对上述三种方法求解凝固过程温度场的讨论如下：

（1）温度回升法，易于编程实现，物理意义明晰，计算后需要对各个节点温度值酌情回升，因而耗时，且不能处理融化过程温度场。

（2）热熔法，显式迭代，时间步长受限，但可以计算融化过程温度场，依赖于液相体积分数关系式，该关系式的选取直接影响计算结果。

（3）使用 Newton-Raphson 求解非线性方程组，计算较耗时，容易发散，且要求热熔与温度关系式的一阶导数连续，需要计算关系式导数，当关系式复杂时

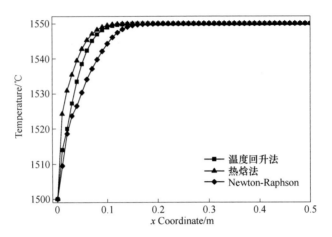

图 4-27　非纯物质凝固过程温度场计算结果

不易编程实现，可以考虑 Broyden 算法[19]求解非线性方程组。

4.4　泊松方程数值解的工程技术上的应用

通常将式（4-45）形式的方程叫做泊松（Poisson）方程，当 $f(x, y) = 0$ 时，则称作拉普拉斯（Laplace）方程：

$$\nabla^2 \varphi(x, y) = f(x, y) \tag{4-45}$$

泊松方程在工程技术上有广泛的应用，特殊情况下有解析解；如当式（4-46）中 k 为导热系数、q 为热流密度时，则 $\varphi(x, y)$ 为温度分布函数；当 k 为介电常数、q 为电荷密度时，则 $\varphi(x, y)$ 为电势分布函数；当 k 为传质扩散系数、$q = 0$ 时，则 $\varphi(x, y)$ 为稳态无源传质过程浓度分布函数：

$$\nabla \cdot (k \nabla \varphi) = q \tag{4-46}$$

当 $k = 1$，$q = 0$，$v_x = \dfrac{\partial \varphi}{\partial x}$，$v_y = \dfrac{\partial \varphi}{\partial y}$ 时，则式（4-46）为理想流体势流控制微分方程，从而为理想流体流动求解提供可行思路。

关于柱坐标系和球坐标系下扩散方程的离散与求解请参考文献［1］；三维情形与一维和二维类似，只在维度上有变化，离散格式与求解方法大同小异，此处不再赘述，请参考文献［1］。

5 稳态不可压缩牛顿流体流动数值计算入门

本章代码

从狼吃羊的寓言故事开始引入贝克莱数 Pe 概念。狼和羊在河道内饮水，如图 5-1所示，位于上游的狼抱怨下游的羊污染了上游的水，那到底羊有没有可能污染到上游的水呢？

图 5-1 上游的狼与下游的羊示意图

先做科学假设：羊所在区域有污染源。如果河水不流动，即污染物在河床内的传输现象完全是扩散现象，随着时间推移，污染物会向四周扩散，当然也包含狼所在的区域。如果河水流动很快，传输过程是对流占主导作用，那么下游污染不到上游；如果河水流动缓慢，传输过程是扩散占主导作用，那么下游会污染到上游。可见对流—扩散现象中，下游可能对上游没有影响；而纯扩散现象中，没有上下游的概念，各向同性介质内的东西相邻控制体，东侧控制体对西侧控制体的影响作用，总是与西侧控制体对东侧控制体的影响相同。同样可见传输过程同时包含扩散和对流现象时，传输现象比只有扩散现象复杂得多。如何科学的评价对流—扩散现象中对流与扩散孰强孰弱，人们引入了 Pe ：

$$Pe = \frac{F}{D} = \frac{\rho u S}{\Gamma S / \Delta x} \tag{5-1}$$

式中，F 为流量（$\rho u S$），衡量对流的强弱；D 用于衡量扩散项的强弱（$\Gamma S / \Delta x$）；S、ρ、u、Γ 和 Δx 分别为面积、密度、速度、扩散系数及空间尺度（可能是网格大小）。对流扩散方程的离散求解是围绕 Pe 进行探讨的。若 $Pe > 1$，则说明对流现象现在占主导；若 $Pe < 1$，则说明扩散现象现在占主导；若 $Pe \approx 1$，则说明扩散现象与对流现象势均力敌。

对流—扩散方程的离散的关键就是在明确上下游的前提下，抓住对流扩散现象的主要矛盾：扩散占主导，对流可以忽略；对流占主导，扩散可以忽略；对流与扩散势均力敌，都不能忽略。

5.1 一维对流方程

一维线性对流方程是学习流体计算的最基础方程：

$$\frac{\partial \phi}{\partial t} + \frac{\partial (u\phi)}{\partial x} = \frac{\partial \phi}{\partial t} + u \frac{\partial \phi}{\partial x} = 0 \tag{5-2}$$

式中，ϕ 为传输量；u 为速度，为了简便，这里假设 u 为恒定。设 ϕ 在 0 时刻的初始分布为 $\phi(x, 0) = \phi_0(x)$，则 t 时刻的真实解为 $\phi(x, t) = \phi_0(x - u \cdot t)$，相当于对初始分布做了一个平移。纯对流方程在计算流体力学中有着广泛应用，不作为重点在本书讨论。

5.2 对流—扩散方程

5.2.1 对流—扩散方程的离散

二维对流—扩散方程通用控制微分方程如下：

$$\underbrace{\frac{\partial}{\partial t}(\rho\phi)}_{\text{非稳态项}} + \underbrace{\frac{\partial}{\partial x}(\rho u\phi) + \frac{\partial}{\partial y}(\rho v\phi)}_{\text{对流项}} = \underbrace{\frac{\partial}{\partial x}\left(\Gamma \frac{\partial \phi}{\partial x}\right) + \frac{\partial}{\partial y}\left(\Gamma \frac{\partial \phi}{\partial y}\right)}_{\text{扩散项}} + \underbrace{S_C - S_P \phi}_{\text{源项}}$$

$$\tag{5-3}$$

式中，ϕ 为传输量，可能为温度、热焓、浓度或速度等变量，ρ 为密度，(u, v) 为二维速度，Γ 为扩散系数，$S_C - S_P\phi$ 为源项。方程由四部分构成：非稳态项（单位时间内传输量在空间的净积累量）；对流项（对流现象引起的空间内传输量变化）；扩散项（扩散现象引起的空间内传输量变化）；源项（空间内自身引起传输量的变化）。

对流项形式上是一阶导数，看似简单，但它的离散是整个对流—扩散方程离散过程的核心和关键。这里需要指出，离散式（5-3）为代数方程过程中，可不可以将对流项直接按照中心差分格式展开呢？例如：

$$\frac{\partial}{\partial x}(\rho u\phi) = \frac{(\rho u\phi)_e - (\rho u\phi)_w}{\Delta x} \tag{5-4}$$

$$\frac{\partial}{\partial y}(\rho v\phi) = \frac{(\rho v\phi)_n - (\rho v\phi)_s}{\Delta y} \tag{5-5}$$

答案：仅仅在 $Pe \approx 1$ 时，根据中心差分离散格式求解对流—扩散方程的结果才合理，故通用性一般。将式（5-3）在控制体内积分，过程略（请参考文献 [2] 和 [3]），最终整理为五点格式：

$$a_P \phi_P = a_E \phi_E + a_W \phi_W + a_N \phi_N + a_S \phi_S + b \tag{5-6}$$

代数方程式（5-6）的各项系数计算如下：

$$a_E = D_e \cdot \text{AFunc}(|P_{\Delta e}|) + \max(-F_e, 0) \tag{5-7}$$

$$a_W = D_w \cdot \text{AFunc}(|P_{\Delta w}|) + \max(F_w, 0) \tag{5-8}$$

$$a_N = D_n \cdot \text{AFunc}(|P_{\Delta n}|) + \max(-F_n, 0) \tag{5-9}$$

$$a_S = D_s \cdot \text{AFunc}(|P_{\Delta s}|) + \max(F_s, 0) \tag{5-10}$$

$$b = S_C \Delta V + a_P^0 \phi_P^0 \tag{5-11}$$

$$a_P = a_E + a_W + a_N + a_S + a_P^0 - S_P \Delta V + \text{netFlux} \tag{5-12}$$

$$a_P^0 = \rho_P \Delta V / \Delta t \tag{5-13}$$

$$\text{netFlux} = F_e - F_w + F_n - F_s \tag{5-14}$$

其中下标大写字母 E、W、N、S 和 P 表示节点所在控制体的信息，下标小写字母 e、w、n 和 s 表示控制体界面上的信息。当控制体内流动满足连续性方程时净流量 netFlux ＝ 0；max 表示取最大值；函数 AFunc( ) 的表达式根据离散格式而定，见表 5-1。

表 5-1　几种常见离散格式中 AFunc 函数表达式[1]

离散格式	AFunc($|P_\Delta|$)	混合格式	$\max(0, 1 - 0.5|P_\Delta|)$
中心差分	$1 - 0.5|P_\Delta|$	指数格式	$|P_\Delta|/(\exp(|P_\Delta|) - 1)$
一阶迎风差分	1	乘方格式	$\max(0, (1 - 0.1|P_\Delta|)^5)$

上述 5 种一阶精度的离散格式讨论与说明如下：（1）中心差分格式：仅仅在 $Pe \approx 1$ 时，计算结果合理。（2）一阶迎风格式：绝对稳定的离散格式。（3）混合格式：顾名思义，当 $Pe \approx 1$ 时，使用中心差分；当 $Pe > 1$ 时，对流现象占绝对主导作用，忽略扩散现象，使用一阶迎风格式；当 $Pe < 1$ 时，扩散现象占绝对主导作用，忽略对流现象，按照扩散方程求解。（4）指数格式：涉及到指数运算，计算机编程实现时，系统开销相对较大。（5）乘方格式：对指数格式的改进。

当速度为 0，即 $u = v = 0$ 时，则式（5-3）退化为扩散方程；当速率 u 和 v 在计算域内分别恒定，则 netFlux ≡ 0，且若同时 $S_P < 0$，则主对角元素 a_P 大于所有非主对角元素，此时方程组对角占优，方程组收敛性较好；若速率 u 和 v 在计算域内分别非恒定，netFlux 可能小于 0，主对角元素可能不完全占优，此时，方程组收敛性劣化。非稳态问题，由于 a_{P0} 的存在，系数矩阵对角占优的优势凸显；所以当稳态问题不易于收敛时，可将其改为非稳态问题，随着非稳态问题迭代的进行，计算量趋于恒定，也等于间接的求解了稳态问题。

最后需要指出，与热传导显式迭代计算类似，当对流—扩散方程按照显式格式迭代计算时，时间步长需要需要限定在一定范围内，才能获得具有物理意义的真实解。例如对流项使用一阶迎风格式，扩散项使用中心差分格式，时间步长 Δt 也满足如下条件[28]：

$$\Delta t < \left(\frac{2a}{\Delta x^2} + \frac{2a}{\Delta y^2} + \frac{u}{\Delta x} + \frac{v}{\Delta y} \right)^{-1} \tag{5-15}$$

其中 $a = \Gamma/\rho$，Δx 和 Δy 分别为 X 方向和 Y 方向上空间步长。

5.2.2　一维对流—扩散方程常见离散格式算例

例：试在长度为 L 的一维空间求解如下偏微分方程：

$$\frac{\partial}{\partial x}(\rho U_x \phi) = \frac{\partial}{\partial x}(D \frac{\partial \phi}{\partial x}) + S_C \qquad (5-16)$$

式中，密度 ρ 为 $1\mathrm{kg/m^3}$ 的流体；速度 U_x 固定为 $1\mathrm{m/s}$；速度 D 为 1。

已知该方程的解析解为：

$$\phi = -\frac{S_C x}{U_x} + \left(1 + \frac{S_C x}{U_x}\right)\frac{1 - \exp(-U_x \cdot x/D)}{1 - \exp(-U_x \cdot L/D)} \qquad (5-17)$$

程序实现的关键在于各个控制体对应的方程系数矩阵元素计算。根据上述对对流—扩散方程的离散格式，程序实现如下：

代码 5-1

```
1.    var thisTitle = "隐式求解对流";
2.    window. addEventListener("load", main, false);
3.
4.    var HybridScheme = 0;
5.    var FirstOrderUpwindScheme = 1;
6.    var PowerLawScheme = 2;
7.    var ExponentialScheme = 3;
8.    var CenteredDifferenceScheme = 4;
9.
10.   function SimpleMaterial(lmd, Cp, rho) {}
11.
12.   var Node1D = function(x) {
13.     this. x = x; this. west = null; this. east = null;
14.
15.     this. T = 0; this. T0 = 0; this. Vol = 0; this. rho_w = 0; this. rho_e = 0; this. gamma_w = 0; this. gamma_e = 0;
16.     this. Ue = 0; this. Uw = 0; this. Cp = 0; this. rho = 0;
17.     this. dx_w = 0; this. dx_e = 0; this. Se = 1; this. Sw = 1; this. aE = 0; this. aW = 0; this. aP = 0;
18.     this. aP0 = 0; this. b = 0; this. Sc = 0; this. Sp = 0; this. bcType = 0;
19.
20.     this. ApplyBC1 = ApplyBC1; this. CalcMatrics = CalcMatrics;
21.   };
22.
23.   function ApplyBC1(value) {
24.     this. bcType = 1; this. aW = 0; this. aE = 0; this. aP = 1; this. b = value; this. T0 = value;
25.   }
26.
27.   function CalcMatrics(timeStep, steadyState) {
28.     if(this. bcType == 1) return;
29.
30.     var Diff_e = this. gamma_e/this. dx_e;
31.     var Flux_e = this. rho_e * this. Ue;
32.     var Peclet_e = Flux_e/Diff_e;
33.
34.     this. aE = Diff_e * AFunc(Peclet_e, HybridScheme) + Math. max(0, -Flux_e);
```

```
35.      this. aE * = this. Se;
36.
37.      var Diff_w = this. gamma_w/this. dx_w;
38.      var Flux_w = this. rho_w * this. Uw;
39.      var Peclet_w = Flux_w/Diff_w;
40.
41.      this. aW = Diff_w * AFunc( Peclet_w, HybridScheme) + Math. max( 0, Flux_w);
42.      this. aW * = this. Sw;
43.
44.      this. aP0 = steadyState? 0: mtrl. rho * Vol/timeStep;
45.
46.      this. aP = this. aE+this. aW+this. aP0−this. Sp * this. Vol;
47.
48.      this. b = this. Sc * this. Vol+this. aP0 * this. T0;
49.    }
50.
51.    var Solution = function( nodes) {
52.      if( nodes) this. nodes = nodes;
53.      elsethis. nodes = [ ];
54.
55.      this. nx = 10; this. dx = 1; this. flowTime = 0;
56.
57.      this. SetUpGeometryAndMesh = SetUpGeometryAndMesh;
58.      this. ApplyMaterial = ApplyMaterial;
59.      this. SetUpBoundaryCondition = SetUpBoundaryCondition;
60.      this. Initialize = Initialize;
61.      this. CombineMatric = CombineMatric;
62.      this. GetLastError = GetLastError;
63.      this. Solve = Solve;
64.      this. ShowResults = ShowResults;
65.    };
66.
67.    function SetUpGeometryAndMesh( nx, dx) {
68.      this. nx = nx; this. dx = dx;
69.
70.      for( var i = 0; i<nx+3; i++) {
71.        nodes[ i] = new Node1D( ( i−1) * dx);
72.      }
73.
74.      for( var j = 1; j <= nx+1; j++) {
75.        nodes[ j]. west = nodes[ j−1];
76.        nodes[ j]. east = nodes[ j+1];
77.      }
78.
79.      for( var k = 1; k <= nx+1; k++) {
80.        nodes[ k]. Vol = dx * 1 * 1;
81.        nodes[ k]. Se = 1;
82.        nodes[ k]. Sw = 1;
83.        nodes[ k]. dx_w = dx;
84.        nodes[ k]. dx_e = dx;
85.      }
86.
87.      nodes[ 1]. Vol/ = 2;//index is 1 not 0
```

```
88.        nodes[nx+1].Vol/=2;
89.      }
90.
91.    function ApplyMaterial(material){
92.      for(var j=1;j<=this.nx+1;j++){
93.        nodes[j].Cp=material.Cp;
94.        nodes[j].rho_e=material.rho;
95.        nodes[j].rho_w=material.rho;
96.        nodes[j].gamma_w=material.lmd;
97.        nodes[j].gamma_e=material.lmd;
98.      }
99.    }
100.
101. function SetUpBoundaryCondition(){
102.    nodes[1].ApplyBC1(0);nodes[this.nx+1].ApplyBC1(1);
103. }
104.
105. function Initialize(Tini,Tair,velocity,source){
106.    for(var j=1;j<=this.nx+1;j++){
107.      nodes[j].T0=Tini;
108.      nodes[j].Ue=velocity;
109.      nodes[j].Uw=velocity;
110.      nodes[j].Sc=source;
111.    }
112. }
113.
114. function CombineMatric(timeStep,AMatric,bRHS,steadyState){
115.    for(var i=1;i<=this.nx+1;i++){
116.      var node=this.nodes[i];
117.      node.CalcMatrics(timeStep,steadyState);
118.      var baseIndex=3*(i-1);
119.      AMatric[baseIndex]=-node.aW;
120.      AMatric[baseIndex+1]=node.aP;
121.      AMatric[baseIndex+2]=-node.aE;
122.      bRHS[i-1]=node.b;
123.    }
124. }
125.
126. function GetLastError(){}
127. function Solve(iterCnt,timeStep,steadyState){
128.    steadyState=steadyState||true;
129.    var dim=this.nx+1;
130.    var AMatric=newArray(dim*3);var bRHS=newArray(dim);var root=newArray(dim);
131.
132.    for(var iter=0;iter<iterCnt;iter++){
133.      this.CombineMatric(timeStep,AMatric,bRHS,steadyState);
134.      SolveByTDMA(dim,AMatric,bRHS,root)
135.
136.      for(var j=1;j<=dim;j++){
137.        nodes[j].T0=root[j-1];
138.      }
139.
```

```
140.        if( ! steadyState) this. flowTime+ = timeStep;
141.    }
142. }
143.
144. function ShowResults( ) {
145.    var x = [ ] , y0 = [ ] , y1 = [ ] , L = nodes[ this. nx+1]. x;
146.    for( var i = 1;i< = this. nx+1;i++) {
147.      x[ i−1] = nodes[ i]. x. toFixed( 2) ;
148.      y0[ i−1] = nodes[ i]. T0;
149.      y1[ i−1] = realSolution( x[ i−1] , L, velocity, diff, source) ;
150.    }
151.
152.    var chartCtx = GetCanvasContext( "canvasChart" , "2d") ;
153.    var data = AssembledChartData( x, [ y0, y1] , [ "数值解" , "解析解" ] ) ;
154.
155.    var myChart = new Chart( chartCtx). Line( data, {responsive:true, xLabelsSkip:10, bezierCurve:
         false, scaleShowGridLines:true, scaleOverride :true, scaleSteps :10, scaleStepWidth:
         0. 1, scaleStartValue :0, } ) ;
156.    var legendLabel = myChart. generateLegend( ) ;
157.    var legendHolder = document. getElementById( "legend" ) ;
158.    legendHolder. innerHTML = legendLabel;
159. }
160.
161. var nodes = [ ] , mtrl;
162. var lmd = 1, Cp = 1, rho = 1;
163. var diff = 1, Len, velocity = 1, source = 0. 05;
164.
165. function onSolve( ) {
166.    var solution = new Solution( nodes) ;
167.
168.    var nx = 50, dx = 10/50, Len = nx * dx;
169.    solution. SetUpGeometryAndMesh( nx, dx) ;
170.
171.    mtrl = new SimpleMaterial( lmd, Cp, rho) ;
172.    solution. ApplyMaterial( mtrl) ;
173.
174.    var Tini = 0, Tair = 1;
175.    var iterations = 100;
176.
177.    solution. SetUpBoundaryCondition( ) ;
178.
179.    solution. Initialize( Tini, Tair, velocity, source) ;
180.
181.    solution. Solve( iterations, NaN) ;
182.
183.    solution. ShowResults( ) ;
184. }
185.
186. function main( ) {
187.    document. title = thisTitle;onSolve( ) ;
188. }
```

```
189.
190. function realSolution(x,L,velocity,Diff,src){//解析解
191.    var result = 1-src * x/velocity;
192.    result * = 1-Math.exp(velocity * x/Diff);
193.    result/ = 1-Math.exp(velocity * L/Diff);
194.    result+ = src * x/velocity;
195.    return result;
196. }
197.
198. function AFunc(peclet,scheme){
199.    scheme = scheme || HybridScheme;//默认参数设置,不指定离散格式时,默认为混合格式
200.    peclet = Math.abs(peclet);
201.
202.    switch(scheme){
203.       case HybridScheme:returnMath.max(0,1-0.5 * peclet);//最可能用到的放在最前,提高程序效率
204.       case FirstOrderUpwindScheme:return 1;//一阶迎风格式
205.       case PowerLawScheme:returnMath.max(0,1-0.1 * Math.pow(peclet,5));//乘法格式
206.       case ExponentialScheme:return peclet/(Math.exp(peclet)-1);//指数格式
207.       case CenteredDifferenceScheme:return 1-0.5 * peclet;//中心差分格式
208.       default:break;
209.       }
210.        return 0;
211. }
```

计算结果与解析解对相比，吻合较好，如图 5-2 所示。

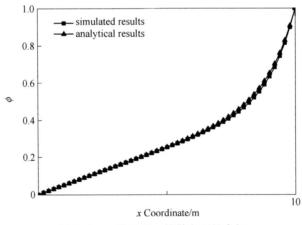

图 5-2　一维对流—扩散方程的求解

程序说明与讨论如下：（1）程序中函数 AFunc 可用于 5 种常见离散格式系数计算，默认使用混合格式。（2）指数格式，系统开销较大，通常使用乘方格式代替之。

5.2.3　对流扩散方程的 QUICK 格式求解

前面介绍了一阶精度的 5 种对流—扩散方程的离散格式，为了减轻"假扩

散"现象[1]，本节介绍一种高阶精度求解格式。The Quadratic Upstream Interpolation for Convective Kinetics（QUICK）算法是求解对流—扩散方程的高阶精度方法，可有效减轻"假扩散"现象。

将无源项时的一维对流—扩散方程式（5-3）离散为 QUICK 格式的代数方程（推导过程及更高维度的 QUICK 离散格式请参考文献［3］），如下：

$$a_P\phi_P = a_E\phi_E + a_W\phi_W + a_{EE}\phi_{EE} + a_{WW}\phi_{WW} + b \tag{5-18}$$

$$a_E = D_e - \frac{3}{8}\alpha_e F_e - \frac{6}{8}(1-\alpha_e)F_e - \frac{1}{8}(1-\alpha_w)F_w \tag{5-19}$$

$$a_W = D_w + \frac{6}{8}\alpha_w F_w + \frac{1}{8}\alpha_e F_e + \frac{3}{8}(1-\alpha_w)F_w \tag{5-20}$$

$$a_{WW} = -\frac{1}{8}\alpha_w F_w \tag{5-21}$$

$$a_{EE} = -\frac{1}{8}(1-\alpha_e)F_e \tag{5-22}$$

$$a_P = a_E + a_W + a_{EE} + a_{WW} + F_e - F_w \tag{5-23}$$

式中，下标 WW 为控制体西部相邻控制体的西部相邻控制体；下标 EE 为控制体东部相邻控制体的东部相邻控制体，如图 5-3 所示。当 $F_w > 0$ 时 $\alpha_w = 1$，当 $F_w < 0$ 时 $\alpha_w = 0$，当 $F_e > 0$ 时 $\alpha_e = 1$，当 $F_e < 0$ 时 $\alpha_e = 0$。虽然是一维问题，根据式（5-18），每个节点的离散方程涉及到 5 个节点的信息，如图 5-3 所示，所以不能继续使用 TDMA 算法求解方程组，本节使用共轭梯度迭代法求解方程组。

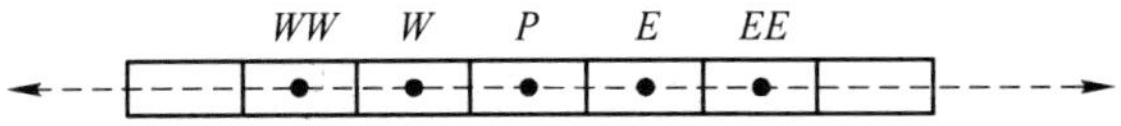

图 5-3　一维扩散方程 QUICK 格式涉及到 5 个节点

例：求解上一节无源情形时的对流—扩散方程。

程序实现为计算各个节点的对应的方程系数矩阵，代码如下：

代码 5-2

```
1.   var thisTitle = "QUICK 格式求解";
2.   window. addEventListener("load", main, false);
3.
4.   var HybridScheme = 0;
5.   var FirstOrderUpwindScheme = 1;
6.   var PowerLawScheme = 2;
7.   var ExponentialScheme = 3;
8.   var CenteredDifferenceScheme = 4;
9.   var QUICK_Scheme = 5;
10.
11.  function SimpleMaterial(lmd, Cp, rho) { this. lmd = lmd; this. Cp = Cp; this. rho = rho; }
12.  var Node1D = function(x) {
13.    this. x = x; this. west = null; this. east = null; this. bcType = 0;
```

```
14.
15.    this. T = 0;this. T0 = 0;this. Vol = 0;this. rho_w = 0;this. rho_e = 0;this. gamma_w = 0;this. gamma_e = 0;
16.    this. Ue = 0;this. Uw = 0;this. Cp = 0;this. rho = 0;this. dx_w = 0;this. dx_e = 0;this. Se = 1;this. Sw = 1;
17.    this. aE = 0;this. aEE = 0;this. aW = 0;this. aWW = 0;this. aP = 0;this. aP0 = 0;this. b = 0;this. Sc = 0;this. Sp = 0;
18.
19.    this. ApplyBC1 = ApplyBC1;this. CalcMatrics = CalcMatrics;
20.    };
21.
22.    function ApplyBC1( value) {
23.      this. bcType = 1;this. aW = 0;this. aE = 0;this. aWW = 0;this. aEE = 0;this. aP = 1;
24.      this. b = value;this. T0 = value;
25.    }
26.
27.    function CalcMatrics( timeStep, steadyState, scheme) {
28.      if( this. bcType == 1) return;
29.
30.      var Diff_e = this. gamma_e/this. dx_e;var Flux_e = this. rho_e * this. Ue;
31.      var Peclet_e = Flux_e/Diff_e;var alf_e = ( Flux_e>0)? 1:0;
32.
33.      var Diff_w = this. gamma_w/this. dx_w;var Flux_w = this. rho_w * this. Uw;
34.      var Peclet_w = Flux_w/Diff_w;var alf_w = ( Flux_w>0)? 1:0;
35.
36.      if( scheme<5) {
37.        this. aE = Diff_e * AFunc( Peclet_e, scheme)+Math. max( 0,-Flux_e);this. aE *= this. Se;
38.        this. aW = Diff_w * AFunc( Peclet_w, scheme)+Math. max( 0,Flux_w);this. aW *= this. Sw;
39.        this. aP0 = steadyState? 0;mtrl. rho * Vol/timeStep;
40.        this. aP = this. aE+this. aW+this. aP0-this. Sp * this. Vol;
41.        this. b = this. Sc * this. Vol+this. aP0 * this. T0;
42.        return;
43.      }
44.      //QUICK Scheme
45.      this. aE = Diff_e+( alf_e * 3/8-6/8. 0) * Flux_e-( 1-alf_w) * Flux_w/8;this. aE *= this. Se;
46.      this. aW = Diff_w+alf_e * Flux_e/8+3 * ( 1+alf_w) * Flux_w/8;this. aW *= this. Sw;
47.      this. aWW = -alf_w * Flux_w/8;
48.      this. aEE = ( 1-alf_e) * Flux_e/8;
49.      this. aP0 = steadyState? 0;mtrl. rho * Vol/timeStep;
50.      this. aP = this. aE+this. aW+this. aEE+this. aWW+this. aP0-this. Sp * this. Vol;
51.      this. b = this. Sc * this. Vol+this. aP0 * this. T0;
52.    }
53.
54.    var Solution = function( nodes) {
55.      if( nodes) this. nodes = nodes;elsethis. nodes = [ ];
56.
57.      this. nx = 10;this. dx = 1;this. flowTime = 0;
58.
59.      this. SetUpGeometryAndMesh = SetUpGeometryAndMesh;
60.      this. ApplyMaterial = ApplyMaterial;
61.      this. SetUpBoundaryCondition = SetUpBoundaryCondition;
62.      this. Initialize = Initialize;
63.      this. CombineMatric = CombineMatric;
64.      this. Solve = Solve;
65.      this. ShowResults = ShowResults;
66.    };
```

```
67.
68.    function SetUpGeometryAndMesh( nx , dx ) {
69.      this. nx = nx ; this. dx = dx ;
70.
71.      for( var i = 0 ; i < nx+3 ; i++ ) { nodes[ i ] = new Node1D( ( i-1 ) * dx ) ; }
72.
73.      for( var j = 1 ; j <= nx+1 ; j++ ) { nodes[ j ]. west = nodes[ j-1 ] ; nodes[ j ]. east = nodes[ j+1 ] ; }
74.
75.      for( var k = 1 ; k <= nx+1 ; k++ ) {
76.        nodes[ k ]. Vol = dx * 1 * 1 ; nodes[ k ]. Se = 1 ; nodes[ k ]. Sw = 1 ; nodes[ k ]. dx_w = dx ; nodes[ k ]. dx_e = dx ;
77.      }
78.
79.      nodes[ 1 ]. Vol /= 2 ; nodes[ nx+1 ]. Vol /= 2 ;
80.    }
81.
82.    function ApplyMaterial( material ) {
83.      for( var j = 1 ; j <= this. nx+1 ; j++ ) {
84.        nodes[ j ]. Cp = material. Cp ;
85.        nodes[ j ]. rho_e = material. rho ; nodes[ j ]. rho_w = material. rho ;
86.        nodes[ j ]. gamma_w = material. lmd ; nodes[ j ]. gamma_e = material. lmd ;
87.      }
88.    }
89.
90.    function SetUpBoundaryCondition( ) {
91.      nodes[ 1 ]. ApplyBC1( 0 ) ; nodes[ this. nx+1 ]. ApplyBC1( 1 ) ;
92.    }
93.
94.    function Initialize( Tini , Tair , velocity , source ) {
95.      for( var j = 1 ; j <= this. nx+1 ; j++ ) {
96.        nodes[ j ]. T0 = Tini ; nodes[ j ]. Ue = velocity ; nodes[ j ]. Uw = velocity ; nodes[ j ]. Sc = source ;
97.      }
98.    }
99.
100. function CombineMatric( timeStep , AMatric , bRHS , steadyState ) {
101.    for( var scheme , i = 1 ; i <= this. nx+1 ; i++ ) {
102.      var node = this. nodes[ i ] ;
103.      scheme = ( ( i == 2 ) || ( i == this. nx ) ) ? HybridScheme : QUICK_Scheme ;
104.      node. CalcMatrics( timeStep , steadyState , scheme ) ;
105.    }
106. }
107.
108. function Solve( iterCnt , timeStep , steadyState ) {
109.    steadyState = steadyState || true ;
110.    var dim = this. nx+1 ;
111.    var AMatric = newArray( dim * 3 ) ; var bRHS = newArray( dim ) ; var root = newArray( dim ) ;
112.    mtx. Create( dim ) ;
113.
114.    this. CombineMatric( timeStep , AMatric , bRHS , steadyState ) ;
115.
116.    for( var node , idx , i = 1 ; i <= this. nx+1 ; i++ ) {
117.      node = this. nodes[ i ] ;
118.      idx = i-1 ;
119.      mtx. set( idx , idx , node. aP ) ;
```

```
120.
121.     mtx. set( idx, idx+1, -node. aE) ;
122.     mtx. set( idx, idx-1, -node. aW) ;
123.     mtx. set( idx, idx+2, -node. aEE) ;
124.     mtx. set( idx, idx-2, -node. aWW) ;
125.
126.     bRHS[ idx ] = node. b;
127.   }
128.
129.     VectorUtil. SHUFFLE( root, 0, 1) ;
130.     mtx. SolveByCG( bRHS, root, 1E-5) ;
131.
132.     for( var j=1; j<=dim; j++) { nodes[ j]. T0=root[ j-1] ;}
133. }
134.
135. function ShowResults( ) { }
136.
137. var nodes = [ ], mtrl, lmd = 1, Cp = 1, rho = 1, diff = 1, velocity = 1, source = 0;
138. var mtx = new SparseMatrix( 1E-10) ;
139.
140. function onSolve( ) {
141.     var solution = new Solution( nodes) ;
142.
143.     var nx = 50, dx = 10/50;
144.     solution. SetUpGeometryAndMesh( nx, dx) ;
145.
146.     mtrl = new SimpleMaterial( lmd, Cp, rho) ;
147.     solution. ApplyMaterial( mtrl) ;
148.
149.     var Tini = 0, Tair = 1; var iterations = 100;
150.
151.     solution. SetUpBoundaryCondition( ) ;
152.
153.     solution. Initialize( Tini, Tair, velocity, source) ;
154.
155.     solution. Solve( iterations, NaN) ;
156.
157.     solution. ShowResults( ) ;
158. }
159.
160. function main( ) { document. title = thisTitle; onSolve( ) ;}
161. function realSolution( x, L, velocity, Diff, src) { }
162. function AFunc( peclet, scheme) { }
```

计算结果如图 5-4 所示，与解析解吻合较好。

需要指出的是，根据式（5-18），边界内侧的节点没有 EE 或者 WW 节点，所以不便于使用 QUICK 格式，本节代码使用了混合格式；也可以增加虚拟节点，使用 QUICK 格式[1]。

其他高阶精度格式如 TVD 格式[3]等，篇幅所限，本书不再赘述。

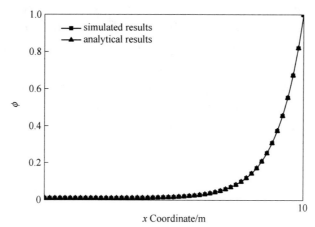

图 5-4　使用 QUICK 格式计算对流扩散方程

5.2.4　涡量—流函数算法计算不可压缩稳态流体流动

对于二维不可压缩流体，Navier-Stocks（简称 N-S，下同）方程同样是前面所述的对流—扩散方程，只是添加了压力梯度源项而已：

$$\begin{cases} \dfrac{\partial}{\partial t}(\rho u) + \dfrac{\partial}{\partial x}(\rho uu) + \dfrac{\partial}{\partial y}(\rho vu) = \dfrac{\partial}{\partial x}\left(\mu\dfrac{\partial u}{\partial x}\right) + \dfrac{\partial}{\partial y}\left(\mu\dfrac{\partial u}{\partial y}\right) - \dfrac{\partial p}{\partial x} \\[3mm] \dfrac{\partial}{\partial t}(\rho v) + \dfrac{\partial}{\partial x}(\rho uv) + \dfrac{\partial}{\partial y}(\rho vv) = \dfrac{\partial}{\partial x}\left(\mu\dfrac{\partial v}{\partial x}\right) + \dfrac{\partial}{\partial y}\left(\mu\dfrac{\partial v}{\partial y}\right) - \dfrac{\partial p}{\partial y} \end{cases} \quad (5-24)$$

为了使方程组封闭，引入连续性方程：

$$\frac{\partial(\rho u)}{\partial x} + \frac{\partial(\rho v)}{\partial y} = 0 \quad (5-25)$$

式中，$\vec{u} = (u, v)$ 为二维速度矢量；u 为 x 方向分量；v 为 y 方向分量；μ 为流体黏度；p 为压力。N-S 方程中添加了压力梯度项，极大地增加了流场求解难度。围绕结合 N-S 方程和连续性方程求解流场的问题，人们提出了大量算法，本节介绍涡量流函数法。引入流函数 φ 和涡量 ω，如下：

$$u = \frac{\partial\varphi}{\partial y}, \quad v = -\frac{\partial\varphi}{\partial x} \quad (5-26)$$

$$\omega = \frac{\partial v}{\partial x} - \frac{\partial u}{\partial y} \quad (5-27)$$

流函数的定义满足连续性方程，将式（5-26）和式（5-27）应用到常物性二维不可压缩流体 N-S 方程（推导过程参考文献 [6] 及 [35]），得到流函数、涡量及压力的传输方程组：

$$0 = \frac{\partial}{\partial x}\left(\lambda\frac{\partial\varphi}{\partial x}\right) + \frac{\partial}{\partial y}\left(\lambda\frac{\partial\varphi}{\partial y}\right) + \omega(\lambda \equiv 1) \quad (5-28)$$

$$\frac{\partial(\rho\omega)}{\partial t} + \frac{\partial(\rho u\omega)}{\partial x} + \frac{\partial(\rho v\omega)}{\partial y} = \frac{\partial}{\partial x}\left(\mu\frac{\partial\omega}{\partial x}\right) + \frac{\partial}{\partial y}\left(\mu\frac{\partial\omega}{\partial y}\right) \tag{5-29}$$

$$\frac{\partial^2 p}{\partial x^2} + \frac{\partial^2 p}{\partial y^2} = 2\left(\frac{\partial u}{\partial x}\frac{\partial v}{\partial y} - \frac{\partial u}{\partial y}\frac{\partial v}{\partial x}\right) \tag{5-30}$$

可见，式（5-28）为包含源项的纯扩散方程，扩散系数为 1；式（5-29）为典型的无源项对流—扩散方程；式（5-30）同样为纯扩散方程。以上介绍了计算域内部的控制微分方程。边界上的涡流量 ω_{wall} 计算[35]如下：

$$\omega_{\text{wall}} = \frac{2(\varphi_{nb} - \varphi_{\text{wall}})}{\Delta l^2} \tag{5-31}$$

式中，φ_{wall} 为壁面上的流函数值；φ_{nb} 为壁面法向上最近控制体的流函数值；Δl 为壁面法向上的空间步长。当边界上存在切向方向的速度，则壁面处的涡量 ω_{wall} 计算如下：

$$\omega_{\text{wall}} = \frac{2(\varphi_{nb} - \varphi_{\text{wall}} + u_{bc}\Delta l)}{\Delta l^2} \tag{5-32}$$

式中，u_{bc} 为界面上的速度。壁面上的流函数通常取值为 0。壁面上的速度使用无滑移边界条件，即壁面上的 X 方向和 Y 方向速度为 0。

涡量—流函数法计算流场基本步骤如下：（1）初始化，设置边界条件；（2）计算涡流量分布；（3）计算流函数分布；（4）根据流函数计算流场；（5）重复步骤（2）~（4），达到预设要求；（6）计算域内速度梯度分布，据此计算压力泊松方程源项；（7）计算压力分布。

例：方腔顶驱流计算，如图 5-5 所示，边长为 1m 的正方形 ABCD 内充满黏度为 1Pa·s，密度为 1kg/m³ 的流体，其中三边 AB、BC、CD 为壁面，边 AD 上流体速度固定为 1m/s，试计算方腔内的流动。

程序实现的关键在于涡量和流函数方程对应的系数矩阵计算，涡量—流函数法实现求解方腔流动的程序编制如下：

图 5-5　方腔流动
计算域示意图

代码 5-3

```
1.    var thisTitle = "2D Flow Field Solver by Vortex-Stream Function";
2.
3.    window.addEventListener("load", main, false);
4.
5.    var HybridScheme = 0;
6.    var FirstOrderUpwindScheme = 1;
7.    var PowerLawScheme = 2;
8.    var ExponentialScheme = 3;
9.    var CenteredDifferenceScheme = 4;
10.
11.   var U = 0, V = 1, P = 2, psi = 3, xi = 4, varCnt = 5;
12.
```

```
13.    function FluidMaterial(viscosity,rho){//材料类
14.      this. viscosity = viscosity | | 1. 00;
15.      this. rho = rho | | 1. 000;
16.    }
17.
18.    var Node2D = function(x,y){
19.      this. x = x; this. y = y;//坐标
20.
21.      this. west = null; this. east = null; this. north = null; this. south = null;相邻节点
22.      this. aE = 0; this. aW = 0; this. aN = 0; this. aS = 0; this. aP = 0; this. aP0 = 0;//系数矩阵
23.      this. b = newArray(varCnt);//边界条件
24.      this. phi = newArray(varCnt);//求解变量
25.      this. dudx = 0; this. dudy = 0; this. dvdx = 0; this. dvdy = 0;//速度梯度
26.      this. dx = 0; this. dy = 0; this. dx_w = 0; this. dx_e = 0; this. dy_n = 0; this. dy_s = 0;
27.      this. Ue = 0; this. Uw = 0; this. Vn = 0; this. Vs = 0;//界面速度
28.      this. Se = 0; this. Sw = 0; this. Sn = 0; this. Ss = 0; this. Vol = 0;//控制体面积和体积
29.      this. Sc = 0; this. Sp = 0;//源项系数
30.      this. bcType = newArray(varCnt);
31.
32.      this. ApplyBC1 = ApplyBC1;
33.      this. CalcMatrics4StreamFunc = CalcMatrics4StreamFunc;
34.      this. CalcMatrics4Vortex = CalcMatrics4Vortex;
35.      this. CalcMatrics4P = CalcMatrics4P;
36.    };
37.
38.    function ApplyBC1(varIndex,value){//设置边界条件
39.      this. bcType[varIndex] = 1;
40.      this. aW = 0; this. aE = 0; this. aN = 0; this. aS = 0; this. aP = 1;
41.      this. b[varIndex] = value;
42.      this. phi[varIndex] = value;
43.    }
44.
45.    function CalcMatrics4StreamFunc(varID){//流函数方程的系数矩阵计算
46.      if(this. bcType[psi] == 1) return;
47.      this. Sc = this. phi[xi];
48.      this. aE = 1/this. dx_e * this. Se;//Here the diffusivion coeff is 1
49.      this. aW = 1/this. dx_w * this. Sw;
50.      this. aN = 1/this. dy_n * this. Sn;
51.      this. aS = 1/this. dy_s * this. Ss;
52.      this. aP = this. aE+this. aW+this. aN+this. aS;
53.      this. b[psi] = this. Sc * this. Vol;
54.    }
55.
56.    function CalcMatrics4Vortex(varID,timeStep){//涡量方程系数矩阵的计算
57.      if(this. bcType[xi] == 1) return;
58.
59.      var Diff_e = this. gamma_e/this. dx_e * this. Se;
60.      var Flux_e = this. rho_e * this. Ue * this. Se;
61.      var Peclet_e = Flux_e/Diff_e;
62.      this. aE = Diff_e * AFunc(Peclet_e,HybridScheme)+Math. max(0,-Flux_e);
63.
64.      var Diff_w = this. gamma_w/this. dx_w * this. Sw;
65.      var Flux_w = this. rho_w * this. Uw * this. Sw;
```

```
66.        var Peclet_w = Flux_w/Diff_w;
67.        this. aW = Diff_w * AFunc(Peclet_w,HybridScheme) + Math. max(0,Flux_w);
68.
69.        var Diff_n = this. gamma_n/this. dy_n * this. Sn;
70.        var Flux_n = this. rho_n * this. Vn * this. Sn;
71.        var Peclet_n = Flux_n/Diff_n;
72.        this. aN = Diff_n * AFunc(Peclet_n,HybridScheme) + Math. max(0,-Flux_n);
73.
74.        var Diff_s = this. gamma_s/this. dy_s * this. Ss;
75.        var Flux_s = this. rho_s * this. Vs * this. Ss;
76.        var Peclet_s = Flux_s/Diff_s;
77.        this. aS = Diff_s * AFunc(Peclet_s,HybridScheme) + Math. max(0,Flux_s);
78.
79.        this. aP0 = this. rho * this. Vol/timeStep;
80.        this. aP = this. aE+this. aW+this. aN+this. aS+this. aP0-this. Sp * this. Vol+Flux_e-Flux_w+Flux_n-Flux_s;
81.
82.        this. b[xi] = this. aP0 * this. phi[xi];
83.     }
84.
85.     function CalcMatrics4P() {//压力泊松方程系数矩阵计算
86.        if(this. bcType[P] == 1)return;
87.
88.        this. aE = 1/this. dx_e * this. Se;
89.        this. aW = 1/this. dx_w * this. Sw;
90.        this. aN = 1/this. dy_n * this. Sn;
91.        this. aS = 1/this. dy_s * this. Ss;
92.        this. aP = this. aE+this. aW+this. aN+this. aS;
93.        this. b[P] = 2 * (this. dudx * this. dvdy-this. dudy * this. dvdx) * this. Vol;
94.     }
95.
96.     var Solution = function(nodes) {
97.        if(nodes) this. nodes = nodes;elsethis. nodes = [];
98.        this. flowTime = 0;
99.
100.       this. SetUpGeometryAndMesh = SetUpGeometryAndMesh;
101.       this. indexFun = indexFun;this. idxFun = idxFun;
102.       this. ApplyMaterial = ApplyMaterial;
103.       this. Initialize = Initialize;
104.       this. SetUpBoundaryCondition = SetUpBoundaryCondition;
105.       this. CalcVelocities = CalcVelocities;
106.       this. CombineMatric4StreamFunc = CombineMatric4StreamFunc;
107.       this. CombineMatric4Vortex = CombineMatric4Vortex;
108.       this. CombineMatric4Pressure = CombineMatric4Pressure;
109.       this. Solve = Solve;this. SolveExplicit = SolveExplicit;
110.       this. SetUpInitialRoot = SetUpInitialRoot;
111.       this. SolveLinearEqByConjuageGradient = SolveLinearEqByConjuageGradient;
112.       this. CopyRoot = CopyRoot;
113.       this. GetContourData = GetContourData;
114.       this. GetContourElements = GetContourElements;
115.       this. ShowResults = ShowResults;this. printCoeffs = printCoeffs;this. Debug = Debug;
116.       this. ShowContour = ShowContour;
117.    };
118.
```

```
119. function SetUpGeometryAndMesh( nx,ny,dx,dy) {//设置几何图形及网格
120.    this. xDim=nx+1;this. yDim=ny+1;this. dx=dx;this. dy=dy;
121.
122.    for( var index=0,col=0;col<nx+3;col++) {
123.     for( var row=0;row<ny+3;row++) {
124.       index=this. indexFun( col,row) ;
125.       nodes[ index] =new Node2D( ( col-1) * dx,( row-1) * dy) ;
126.      }
127.    }
128.
129.    this. nodeNum=nodes. length;
130.
131.    for( var index=0,col=1;col<nx+2;col++) {
132.     for( var row=1;row<ny+2;row++) {
133.       index=this. indexFun( col,row) ;
134.
135.       nodes[ index]. east=nodes[ index+1] ;nodes[ index]. west=nodes[ index-1] ;
136.       nodes[ index]. north=nodes[index+this.xDim+2] ;nodes[ index]. south=nodes[index-this.xDim-2];
137.       nodes[ index]. Vol=dx * dy * 1;nodes[ index]. dx=dx;nodes[ index]. dy=dy;
138.       nodes[ index].Se=dy * 1;nodes[ index].Sw=dy * 1;nodes[ index].Sn=dx * 1;nodes[ index].Ss=dx * 1;
139.       nodes[ index]. dx_w=dx;nodes[ index]. dx_e=dx;nodes[ index]. dy_n=dy;nodes[ index]. dy_s=dy;
140.      }
141.    }
142.
143.    for( var col=1,row=1;row<ny+2;row++) {
144.     index=this. indexFun( col,row) ;
145.
146.     nodes[index]. Vol/=2.0;nodes[index]. Sn/=2.0;nodes[index]. Ss/=2.0;nodes[index]. west=null;
147.    }
148.
149.    for( var col=nx+1,row=1;row<ny+2;row++) {
150.     index=this. indexFun( col,row) ;
151.
152.     nodes[index]. Vol/=2.0;nodes[index]. Sn/=2.0;nodes[index]. Ss/=2.0;nodes[index]. east=null;
153.    }
154.
155.    for( var row=1,col=1;col<nx+2;col++) {
156.     index=this. indexFun( col,row) ;
157.
158.     nodes[index]. Vol/=2.0;nodes[index]. Se/=2.0;nodes[index]. Sw/=2.0;nodes[index]. south=null;
159.    }
160.
161.    for( var row=ny+1,col=1;col<nx+2;col++) {
162.     index=this. indexFun( col,row) ;
163.
164.     nodes[index]. Vol/=2.0;nodes[index]. Se/=2.0;nodes[index]. Sw/=2.0;nodes[index]. north=null;
165.    }
166. }
167.
168. function indexFun( col,row) { return row * ( this. xDim+2) +col; }
169. function idxFun( xStride,col,row) { return( row-1) * xStride+col-1; }
170.
171. function Initialize( Vini) {//初始化
```

```
172.    for( var i = 0 ; i < this. nodeNum ; i++ ) {
173.      nodes[ i ]. phi[ U ] = Vini. U ; nodes[ i ]. b[ U ] = 0 ;
174.      nodes[ i ]. phi[ V ] = Vini. V ; nodes[ i ]. b[ V ] = 0 ;
175.      nodes[ i ]. phi[ P ] = Vini. P ; nodes[ i ]. b[ P ] = 0 ;
176.      nodes[ i ]. phi[ xi ] = Vini. xi ; nodes[ i ]. b[ xi ] = 0 ;
177.      nodes[ i ]. phi[ psi ] = Vini. psi ; nodes[ i ]. b[ psi ] = 0 ;
178.    }
179.  }
180.
181. function ApplyMaterial( mtrl ) { //设置材料
182.    for( var i = 0 ; i < this. nodeNum ; i++ ) {
183.      nodes[ i ]. rho = nodes[ i ]. rho_e = nodes[ i ]. rho_w = nodes[ i ]. rho_n = nodes[ i ]. rho_s = mtrl. rho ;
184.      nodes[ i ]. gamma_e = nodes[ i ]. gamma_w = nodes[ i ]. gamma_n = nodes[ i ]. gamma_s = mtrl. viscosity ;
185.    }
186. }
187.
188. function SetUpBoundaryCondition( ) { //设置边界条件,程序的关键,对结果影响巨大
189.    for( var index = 0 , node , row = 1 , col = 2 ; col < this. xDim ; col++ ) {
190.      index = this. indexFun( col , row ) ; node = nodes[ index ] ;
191.      node. ApplyBC1( psi , 0 ) ;
192.      node. ApplyBC1( xi , -2 * ( node. north. phi[ psi ] - node. phi[ psi ] )/ node. dy_n / node. dy_n ) ;
193.    }
194.
195.    for( var index = 0 , val , node , row = this. yDim , col = 2 ; col < this. xDim ; col++ ) {
196.      index = this. indexFun( col , row ) ; node = nodes[ index ] ;
197.      node. ApplyBC1( U , 1 ) ;
198.      node. ApplyBC1( psi , 0 ) ;
199.      node. ApplyBC1( xi , -2 * ( node. south. phi[ psi ] - node. phi[ psi ] + node. dy_s )/ node. dy_s / node. dy_s ) ;
200.    }
201.
202.    for( var index = 0 , node , col = 1 , row = 2 ; row < this. xDim ; row++ ) {
203.      index = this. indexFun( col , row ) ; node = nodes[ index ] ;
204.      node. ApplyBC1( psi , 0 ) ;
205.      node. ApplyBC1( xi , -2 * ( node. east. phi[ psi ] - node. phi[ psi ] )/ node. dx_e / node. dx_e ) ;
206.    }
207.
208.    for( var index = 0 , node , col = this. xDim , row = 2 ; row < this. xDim ; row++ ) {
209.      index = this. indexFun( col , row ) ; node = nodes[ index ] ;
210.      node. ApplyBC1( psi , 0 ) ;
211.      node. ApplyBC1( xi , -2 * ( node. west. phi[ psi ] - node. phi[ psi ] )/ node. dx_w / node. dx_w ) ;
212.    }
213. //角上的流函数赋值为0
214.    nodes[ this. indexFun( 1 , 1 ) ]. ApplyBC1( psi , 0 ) ;
215.    nodes[ this. indexFun( this. xDim , 1 ) ]. ApplyBC1( psi , 0 ) ;
216.    nodes[ this. indexFun( this. xDim , this. yDim ) ]. ApplyBC1( psi , 0 ) ;
217.    nodes[ this. indexFun( 1 , this. yDim ) ]. ApplyBC1( psi , 0 ) ;
218. //角上的涡量,赋值取相邻节点涡量的平均值
219.    var conerVal = ( nodes[ this. indexFun( 2 , 1 ) ]. phi[ xi ] + nodes[ this. indexFun( 1 , 2 ) ]. phi[ xi ] )/ 2 ;
220.    nodes[ this. indexFun( 1 , 1 ) ]. ApplyBC1( xi , conerVal ) ;
221.    conerVal = ( nodes[ this. indexFun( this. xDim - 1 , 1 ) ]. phi[ xi ] + nodes[ this. indexFun( this. xDim , 2 ) ]. phi
       [ xi ] )/ 2 ;
222.    nodes[ this. indexFun( this. xDim , 1 ) ]. ApplyBC1( xi , conerVal ) ;
223.    conerVal = ( nodes[ this. indexFun( this. xDim - 1 , this. yDim ) ]. phi[ xi ] + nodes[ this. indexFun( this. xDim ,
       this. yDim - 1 ) ]. phi[ xi ] )/ 2 ;
```

```
224.     nodes[this.indexFun(this.xDim,this.yDim)].ApplyBC1(xi,conerVal);
225.     conerVal=(nodes[this.indexFun(1,this.yDim-1)].phi[xi]+nodes[this.indexFun(2,this.yDim)].phi
         [xi])/2;
226.     nodes[this.indexFun(1,this.yDim)].ApplyBC1(xi,conerVal);
227. //压力0参考点,选取在计算域的左下角
228.     nodes[this.indexFun(1,1)].ApplyBC1(P,0);//Pressure
229. }
230.
231. function CalcVelocities(){
232.   for(var index=0,node,col=2;col<this.xDim;col++){
233.     for(var row=2;row<this.yDim;row++){
234.       index=this.indexFun(col,row);node=nodes[index];
235.       node.phi[U]=(node.north.phi[psi]-node.south.phi[psi])/(node.dy_n+node.dy_s);
236.       node.phi[V]=-(node.east.phi[psi]-node.west.phi[psi])/(node.dx_e+node.dx_w);
237.     }
238.   }
239.
240.   for(var node,index=0,col=2;col<this.xDim;col++){
241.     for(var row=2;row<this.yDim;row++){
242.       index=this.indexFun(col,row);node=nodes[index];
243.       node.Uw=node.west?((node.phi[U]+node.west.phi[U])/2):node.phi[U];
244.       node.Ue=node.east?((node.phi[U]+node.east.phi[U])/2):node.phi[U];
245.       node.Vn=node.north?((node.phi[V]+node.north.phi[V])/2):node.phi[V];
246.       node.Vs=node.south?((node.phi[V]+node.south.phi[V])/2):node.phi[V];
247.     }
248.   }
249. }
250.
251. function CombineMatric4StreamFunc(varID){//计算流函数方程的系数矩阵
252.   for(var index=0,col=2;col<this.xDim;col++){
253.     for(var row=2;row<this.yDim;row++){
254.       index=this.indexFun(col,row);
255.       nodes[index].CalcMatrics4StreamFunc(varID);
256.     }
257.   }
258. }
259.
260. function CombineMatric4Vortex(xi,timeStep){//计算涡量的系数矩阵
261.   for(var index=0,col=2;col<this.xDim;col++){
262.     for(var row=2;row<this.yDim;row++){
263.       index=this.indexFun(col,row);
264.       nodes[index].CalcMatrics4Vortex(xi,timeStep);
265.     }
266.   }
267. }
268.
269. function dPhidx(node,varID){//变量的 X 方向偏导数
270.   if(node.east&&node.west){ return(node.east.phi[varID]-node.west.phi[varID])/node.dx/2;}
271.   elseif(node.east){ return(node.east.phi[varID]-node.phi[varID])/node.dx_e;}
272.   else{ return(node.phi[varID]-node.west.phi[varID])/node.dx_w;}
273. }
274.
275. function dPhidy(node,varID){//变量的 Y 方向偏导数
```

```
276.    if( node. north&&node. south){ return( node. north. phi[ varID ]−node. south. phi[ varID ])/node. dy/2;}
277.    elseif( node. north){ return( node. north. phi[ varID ]−node. phi[ varID ])/node. dy_n;}
278.    else{ return( node. phi[ varID ]−node. south. phi[ varID ])/node. dy_s;}
279. }
280.
281. function CombineMatric4Pressure( ){//求解压力泊松方程的系数矩阵
282.    for( var node,index = 0,col = 1;col<=this. xDim;col++){
283.       for( var row = 1;row<= this. yDim;row++){
284.          index = this. indexFun( col,row );node = nodes[ index ];
285.          node. dudx = dPhidx( node,U );
286.          node. dudy = dPhidy( node,U );
287.          node. dvdx = dPhidx( node,V );
288.          node. dvdy = dPhidy( node,V );
289.
290.          nodes[ index ]. CalcMatrics4P( );
291.       }
292.    }
293. }
294.
295. function SolveExplicit( iterCnt){//有限差分法求解,见参考文献[ 34 ]
296.    for( var iter = 0;iter < iterCnt;iter++){
297.       this. SetUpBoundaryCondition( );
298.       for( var node,index = 0,col = 2;col<this. xDim;col++){
299.          for( var row = 2;row<this. yDim;row++){
300.             index = this. indexFun( col,row );node = nodes[ index ];
301.             node. phi[ psi ] = ( node. east. phi[ psi ]+node. west. phi[ psi ]+node. north. phi[ psi ]+node. south. phi
    [ psi ]+node. phi[ xi ] * node. Vol)/4;
302.             node. phi[ xi ] = ( node. east. phi[ xi ] + node. west. phi[ xi ] + node. north. phi[ xi ] + node. south. phi
    [ xi ])/4;
303.             node. phi[ xi ] −= node. Se * ( node. phi[ U ] * ( node. east. phi[ xi ] − node. west. phi[ xi ] )+node. phi
    [ V ] * ( node. north. phi[ xi ] −node. south. phi[ xi ] ))/8;
304.          }
305.       }
306.       this. CalcVelocities( );this. Debug( U );
307.    }
308. }
309.
310. function Solve( iterCnt,method){//求解
311.    var unknownNum = this. xDim * this. yDim;
312.    var bRHS = newArray( unknownNum );
313.    var root = newArray( unknownNum );
314.
315.    mtx. Create( unknownNum );
316.
317.    for( var iter = 0;iter<iterCnt;iter++){
318.       //Step 1:Setup Boundary Values of vortex
319.       this. SetUpBoundaryCondition( );//设置边界条件
320.       //Step 2:Solve Vortex
321.       this. CombineMatric4Vortex( xi,timeStep );
322.       this. SetUpInitialRoot( xi,root );
323.       this. SolveLinearEqByConjuageGradient( bRHS,root,xi,false );//求解涡量
324.       this. CopyRoot( xi,root );//this. Debug( xi );
325.       //Step 3:Solve Stream−Function
```

```
326.     this. CombineMatric4StreamFunc( psi);
327.     this. SetUpInitialRoot( psi, root);
328.     this. SolveLinearEqByConjuageGradient( bRHS, root, psi, false);//求解流函数
329.     this. CopyRoot( psi, root);//this. Debug( psi);
330.     //Step 4:Solve X-Velocity. &. Y-Velocity
331.     this. CalcVelocities( );//计算速度场
332.     }
333.
334.     //Step 5:Calculate Pressure
335.     this. CombineMatric4Pressure( P);//
336.     this. SetUpInitialRoot( P, root);
337.     this. SolveLinearEqByConjuageGradient( bRHS, root, P, false);//压力泊松方程的求解
338.     this. CopyRoot( P, root);
339. }
340.
341. function SetUpInitialRoot( varID, root){//设置方程组求解的初值
342.    for( var index, col = 1; col <= this. xDim; col++){
343.      for( var row = 1; row <= this. yDim; row++){
344.        index = this. indexFun( col, row);
345.        idx = this. idxFun( this. xDim, col, row);
346.        root[ idx] = nodes[ index]. phi[ varID] + Math. random( ) * 1E-15;;
347.      }
348.    }
349. }
350.
351. function SolveLinearEqByConjuageGradient( bRHS, root, varID, debugMode){//方程组求解
352.    mtx. Erase( 1);//擦除,重建矩阵
353.
354.    for( var index, idx, node, row = 1; row <= this. yDim; row++){
355.      for( var col = 1; col <= this. xDim; col++){
356.        index = this. indexFun( col, row);
357.        node = nodes[ index];
358.        idx = this. idxFun( this. xDim, col, row);
359.
360.        mtx. set( idx, idx, node. aP);
361.
362.        mtx. set( idx, idx+1, -node. aE);
363.        mtx. set( idx, idx-1, -node. aW);
364.        mtx. set( idx, idx+this. xDim, -node. aN);
365.        mtx. set( idx, idx-this. xDim, -node. aS);
366.
367.        bRHS[ idx] = node. b[ varID];
368.      }
369.    }
370.    if( debugMode) mtx. ShowSparseMatrix( bRHS);//是否输出调试信息
371.    return mtx. SolveByCG( bRHS, root, 1E-5);//求解方程组,并返回残差
372.
373. }
374.
375. function CopyRoot( varID, root){//将系数矩阵方程的解赋值给控制体单元
376.    for( var index, col = 1; col <= this. xDim; col++){
377.      for( var row = 1; row <= this. yDim; row++){
378.        index = this. indexFun( col, row);
```

```
379.        idx = this. idxFun( this. xDim, col, row) ;
380.        nodes[ index]. phi[ varID] = root[ idx] ;
381.      }
382.    }
383. }
384.
385. function GetContourElements( ) {/ * 篇幅所限, 内容参考本书其他章节 */}
386. function GetContourData( varID) {//获取云图绘制数据, 即坐标和变量
387.    for( var pointList = [ ] , node, index, row = 1 ; row <= this. yDim; row++) {
388.      for( var col = 1 ; col <= this. xDim; col++) {
389.        index = this. indexFun( col, row) ;
390.        node = nodes[ index] ;
391.        pointList. push( new XYZ( node. x, node. y, node. phi[ varID] ) ) ;
392.      }
393.    }
394.    return pointList;
395. }
396.
397. function ShowResults( ) {//显示计算结果
398.    function tsFun( pnt) {//坐标变换函数
399.      var x = 250 * pnt. x + 110;
400.      var y = 300 - 250 * pnt. y - 20;
401.      returnnew XYZ( x, y, 0) ;
402.    }
403.
404.    var eleLst = this. GetContourElements( ) ;
405.
406.    this. ShowContour( "psiContour", psi, eleLst, tsFun) ;//绘制流线图
407.    this. ShowContour( "xiContour", xi, eleLst, tsFun) ;//绘制涡量分布
408.    this. ShowContour( "UContour", U, eleLst, tsFun) ;//绘制 X 方向速度分布
409.    this. ShowContour( "VContour", V, eleLst, tsFun) ;//绘制 Y 方向速度分布
410.
411.    var pos = new Complex( ) , vec = new Complex( ) , magnifer = 20;
412.    var ctx = GetCanvasContext( "xiContour", "2d") ;
413.    for( var tmpPos, node, index, row = 1 ; row <= this. yDim; row++) {
414.      for( var col = 1 ; col <= this. xDim; col++) {
415.        index = this. indexFun( col, row) ;
416.        node = nodes[ index] ;
417.        tmpPos = tsFun( node) ;
418.        pos. x = tmpPos. x; pos. y = tmpPos. y;
419.        vec. x = node. phi[ U] * magnifer; vec. y = -node. phi[ V] * magnifer;
420.        ContourUtil. DrawArrow( ctx, pos, vec) ;
421.      }
422.    }
423. }
424.
425. function ShowContour( canvasID, varID, eleLst, tsFun) {/ * 篇幅所限, 内容参考本书其他章节 */}
426.
427. var nodes = [ ] , rm = null;
428. var mtx = new SparseMatrix( 1E-10) ;
429. var timeStep = 1E-4;
430.
431. function onSolve( ) {
```

```
432.    var solution = new Solution( nodes );
433.
434.    var nx = 10,dx = 1/nx,ny = 10,dy = 1/ny;
435.    solution. SetUpGeometryAndMesh( nx,ny,dx,dy);//设置计算域及网格剖分
436.
437.    var rho = 1,viscosity = 1;
438.    var mtrl = new FluidMaterial( rho,viscosity);
439.    solution. ApplyMaterial( mtrl);//设置材料
440.
441.    solution. Initialize( {U:0,V:0,P:0,psi:0,xi:0});//初始化
442.
443.    solution. SetUpBoundaryCondition( );//设置边界条件
444.
445.    var iterations = QueryPara( "iteration" )||500;
446.
447.    solution. Solve( iterations );//隐式求解
448.    //solution. SolveExplicit( iterations );//显式差分格式求解
449.
450.     solution. ShowResults( );//后处理,显式计算结果
451. }
452.
453. function main( ){ document. title = thisTitle;onSolve( );}
454. function AFunc( peclet,scheme){/* 篇幅所限,内容参考本书其他章节 */}
455.
456. function printCoeffs( root,varID){//输出调试信息
457.    var table = document. createElement( "table" );
458.    table. setAttribute( "border","1" );
459.    table. setAttribute( "align","center" );
460.
461.    function create_thd_and_append_row( tr,text,tagNmae){
462.       var tagNmae = ( tagNmae == "td" )?"td":"th";
463.       var tag = document. createElement( tagNmae);
464.       tag. innerHTML = text;
465.       tr. appendChild( tag);
466.    }
467.
468.    var tr = document. createElement( "tr" );
469.
470.    create_thd_and_append_row( tr,"row","th" );
471.    create_thd_and_append_row( tr,"col","th" );
472.    create_thd_and_append_row( tr,"As","th" );
473.    create_thd_and_append_row( tr,"Aw","th" );
474.    create_thd_and_append_row( tr,"Ap","th" );
475.    create_thd_and_append_row( tr,"Ae","th" );
476.    create_thd_and_append_row( tr,"An","th" );
477.    create_thd_and_append_row( tr,"b","th" );
478.    create_thd_and_append_row( tr,"root","th" );
479.
480.    table. appendChild( tr);
481.
482.    for( var idx,index,node,row = 1;row <= this. xDim;row++){
483.    for( var col = 1;col <= this. yDim;col++){
484.       var tr = document. createElement( "tr" );
```

```
485.        idx = this. idxFun( this. xDim, col, row);
486.        index = this. indexFun( col, row);
487.        node = nodes[ index];
488.
489.        create_thd_and_append_row( tr, row, "td");
490.        create_thd_and_append_row( tr, col, "td");
491.        create_thd_and_append_row( tr, node. aS. toFixed( 1), "td");
492.        create_thd_and_append_row( tr, node. aW. toFixed( 1), "td");
493.        create_thd_and_append_row( tr, node. aP. toFixed( 1), "td");
494.        create_thd_and_append_row( tr, node. aE. toFixed( 1), "td");
495.        create_thd_and_append_row( tr, node. aN. toFixed( 1), "td");
496.        create_thd_and_append_row( tr, node. b[ varID]. toFixed( 1), "td");
497.
498.        if( root) create_thd_and_append_row( tr, root[ idx], "td");
499.        table. appendChild( tr);
500.     }
501.   }
502.   document. getElementById( "bugInfoHost"). appendChild( table);
503. }
504.
505. function Debug( varID) { //输出调试信息
506.   var table = document. createElement( "table");
507.   table. setAttribute( "border", "1");
508.   table. setAttribute( "align", "center");
509.
510.   for( var index, node, row = this. yDim; row >= 1; row--) {
511.     var tr = document. createElement( "tr");
512.     for( var col = 1; col <= this. xDim; col++) {
513.       var td = document. createElement( "td");
514.
515.       index = this. indexFun( col, row);
516.       node = nodes[ index];
517.
518.       td. innerHTML = node. phi[ varID]. toFixed( 1);
519.       tr. appendChild( td);
520.     }
521.     table. appendChild( tr);
522.   }
523.   document. getElementById( "bugInfoHost"). appendChild( table);
524. }
```

　　空间步长取 0.1m，时间步长 0.0001s，迭代 500 次，流函数及速度矢量分布的计算结果如图 5-6 所示。其中，方腔上边界速度矢量为 1m/s，可见方腔内形成了环流。速度分布形态与参考文献 [37] 中流动算例较为一致。

　　涡量计算结果如图 5-7 所示。可见方腔上部涡流较强，而下不流动缓慢，故涡流量相对而言接近于 0。

　　方腔内 X 方向速度分布如图 5-8 所示。顶部 X 方向速度由左而右，中下部 X 方向速度则方向相反，壁面处为无滑移边界条件，速度为 0。

　　方腔内 Y 方向速度分布如图 5-9 所示。方腔左侧 Y 方向速度由下而上，右侧 Y 方向速度则方向相反，同样壁面处为无滑移边界条件，速度为 0。

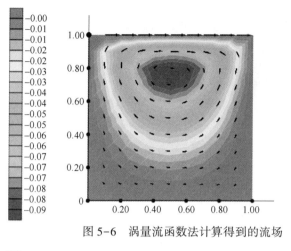

图 5-6　涡量流函数法计算得到的流场

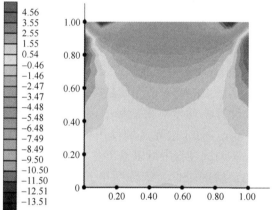

图 5-7　涡量流函数法计算得到的涡量

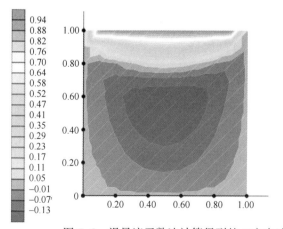

图 5-8　涡量流函数法计算得到的 X 方向速度

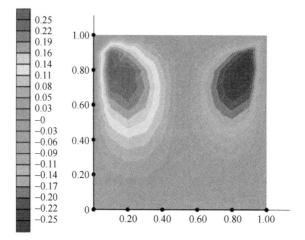

彩图请扫我

图 5-9　涡量流函数法计算得到的 Y 方向速度

程序几点说明如下：（1）对于压力泊松方程式（5-30），若压力分布真实解为 $p(x, y)$，则 $p(x, y) + C_0$（C_0 为任意常数）同样满足式（5-30）。故求解压力泊松方程，必须已知一个点的压力分布才能确定常数 C_0。求解前，需要指定压力 0 参考点。影响流动的不是压力的绝对值，而是压力非均匀分布，压力的梯度。（2）程序中 dPhidx 函数计算物理量对横坐标的偏导数，在计算域边界上，使用一阶差分格式，精度为一阶，而非边界区域使用中心差分格式，精度为二阶。（3）函数 printCoeffs 在程序调试过程中可以输出各单元的系数矩阵，便于调试。（4）计算网格为 10×10，精度较低，细分网格并且使用更高精度离散格式[35]计算才可能观察多方腔底部存在的二次环流。（5）计算控制体矩阵系数时，涉及到流量的计算，流量计算中选用界面速度，而不是控制体节点上的速度。（6）通常流动计算过程中，网格大小不应该是随意制定的。为了捕捉边界层的流动，需要计算 y+值[6]，以确定第一层网格的大小。限于 JavaScript 虚拟机的计算速度，程序使用了 10×10 的网格。

5.3　求解流体流动的算法枚举

求解不可压缩牛顿流体的 N-S 方程组的算法较多[35]，例如：（1）前面介绍的涡量—流函数方法，该方法也可用于 3D 情形[1]；（2）求解原始变量法;（3）引入压力修正项再求解压力分布的 SIMPLE 系列算法；（4）其他，略。

通常原始变量法有求解压力泊松方程、人工压缩算法[35]等，本节着重介绍人工压缩算法，下节介绍引入压力修正项的算法。

稳态流场计算在迭代过程中，速度场随时在变化，各个控制体不一定能满足连续性方程式（5-25），这样导致某个控制体可能容纳了更多的流体，也可能导致部分控制体流失了本可以容纳的流体，最终导致控制体内流体密度发生了变化；实际流体流动过程中，这是不可能发生的事情。退而求其次，对于稳态流动，我们只关心最终流场，而迭代过程中流体的密度允许其发生变化，只要最终计算结果满足连续性方程，不可压缩的就可以了。

稳态不可压缩流体连续性方程为：

$$-\frac{\partial \rho}{\partial t} = \frac{\partial(\rho u)}{\partial x} + \frac{\partial(\rho v)}{\partial y} = 0 \qquad (5-33)$$

允许流体在迭代过程中被压缩，即等效为流体压强随单元体积内净流量变化而变化[34]：

$$\frac{\partial p}{\partial t} + c^2 \left[\frac{\partial(\rho u)}{\partial x} + \frac{\partial(\rho v)}{\partial y} \right] = 0 \qquad (5-34)$$

将在式（5-34）控制体内积分：

$$\frac{p - p_0}{\Delta t} \cdot \Delta V + c^2 (F_e - F_w + F_n - F_s) = 0 \qquad (5-35)$$

式中，Δt 为时间步长；下标 0 为上一时刻值；F 为控制体各界面流量。整理得到压力迭代计算公式：

$$p = p_0 - \frac{c^2 \cdot \Delta t}{\Delta V}(F_e - F_w + F_n - F_s) = p_0 - \frac{c^2 \cdot \Delta t}{\Delta V} \cdot \text{netFlux} \qquad (5-36)$$

通常 c 取 1.5 可以取得较好的计算结果[34]，控制体内净流量 netFlux 为：

$$\text{netFlux} = F_e - F_w + F_n - F_s \qquad (5-37)$$

根据式（5-36）可以看出，随着迭代，控制体内净流量趋于 0，即连续性方程得到满足。

5.4 基于交错网格和 SIMPLE 算法求解流体流动的一般步骤

5.4.1 交错网格简介

前面介绍的扩散方程和对流—扩散方程在离散和求解过程中，物理量（如温度、热焓、涡流量等）的存储都位于控制体中心（节点）上，所有的求解变量都存储在控制体中心，这样的网格可以称作同位网格。计算流体力学发展初期，为了避免"棋盘阵"[1]的错误解出现，人们提出了交错网格。二维 N-S 方程求解过程中，X 方向速度、Y 方向速度、压力各使用一套网格系统，如图5-10（a）所示。图5-10（b）为 X 方向速度所在网格系统。图5-10（c）为 Y 方向速度所在网格系统。图5-10（d）为压力所在网格。X 方向和 Y 方向速度所在控制体中心节点位于压力所在控制体的界面上。这样在求解压力所在控制体某界面上速度时，仅需指定该界面两侧速度控制体的节点速度即可，无需插值。

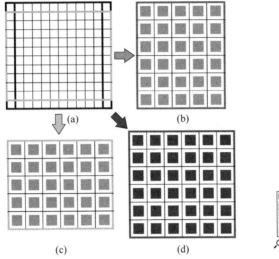

彩图请扫我

图 5-10　交错网格示意图

5.4.2　SIMPLE 算法简介

　　二维 N-S 方程和连续性方程是关于三个未知量（两个方向上的速率及压力）的非线性方程组，求解得到解析解非常困难。Semi-Implicit Method Pressure Linked Equation（SIMPLE）算法作为一种"先猜后修正"的思想，被证明为得到二维 N-S 方程数值解的有效方法，思路如下：

　　N-S 方程可以归纳为式（5-3）所示的通用格式，只是源项 S_C 中可能需要包含压力梯度项、重力项、电磁力项、热浮力项等，现讨论仅包含压力梯度项的情形：

$$\frac{\partial}{\partial t}(\rho \vec{u}) + \nabla(\rho \vec{u} \vec{u}) = \nabla(\mu \cdot \nabla \vec{u}) - \nabla p \tag{5-38}$$

　　设速度 $\vec{u} = \vec{u}^* + \vec{u}'$。式中，$\vec{u}^*$ 为迭代过程中的近似解；$\vec{u}'$ 为速度的修正值，近似解与修正值之和为真实解。将式（5-38）离散后得到真实解满足的方程组为：

$$a_P \vec{u}_P = \sum_{nb} a_{nb} \vec{u}_{nb} - V_P (\nabla p)_P \tag{5-39}$$

　　同样，迭代过程中，近似解 $\vec{u}^*$ 也满足代数方程：

$$a_P \vec{u}_P^* = \sum_{nb} a_{nb} \vec{u}_{nb}^* - V_P (\nabla p^*)_P \tag{5-40}$$

　　将式（5-39）与式（5-40）相减，得到速度修正值满足的方程组：

$$a_P \vec{u}'_P = \sum_{nb} a_{nb} \vec{u}'_{nb} - V_P (\nabla p')_P \tag{5-41}$$

SIMPLE 算法中，速度修正值的计算忽略了周边控制体速度的影响，仅考虑压力梯度项，故由式（5-41）可得到速度修正项的计算公式：

$$u'_P = -\frac{V_P(\nabla p')_P}{a_P} \qquad (5-42)$$

将连续性方程式（5-43）中速度 $\vec{u}$ 替换为 $\vec{u}^* + \vec{u}'$ 得到式（5-44）：

$$\frac{\partial \rho}{\partial t} + \nabla \cdot (\rho \vec{u}) = 0 \qquad (5-43)$$

$$\frac{\partial \rho}{\partial t} + \nabla \cdot (\rho \vec{u}^*) + \nabla \cdot (\rho \vec{u}') = 0 \qquad (5-44)$$

代入速度修正项式（5-42），得：

$$\nabla \cdot \left[\rho \cdot \frac{V_P(\nabla p')_P}{a_P} \right] = \frac{\partial \rho}{\partial t} + \nabla \cdot (\rho \vec{u}^*) \qquad (5-45)$$

对式（5-45）在其所在的控制容积内积分并整理为 p' 的代数方程：

$$a_P p'_P = a_E p'_E + a_W p'_W + a_N p'_N + a_S p'_S + b \qquad (5-46)$$

其中：

$$b = \frac{(\rho_P^0 - \rho_P)V_P}{\Delta t} + [(\rho u^*)_w - (\rho u^*)_e]S_e + [(\rho v^*)_s - (\rho v^*)_n]S_n \qquad (5-47)$$

对于稳态不可压缩流体，压力修正方程为：

$$\nabla \cdot \left[\frac{V_P}{a_P}(\nabla p')_P \right] = \nabla \cdot (\vec{u}^*) \qquad (5-48)$$

可见，稳态不可压缩流体的压力修正值的控制微分方程为泊松方程，与稳态传热方程类型相同。压力修正项计算完成，就可以修正压力了：

$$p = p^* + p' \qquad (5-49)$$

真实压力分布计算得到后，就可以修正速度值了：

$$\vec{u}_P = \vec{u}_P^* + u'_P = \vec{u}_P^* - \frac{V_P(\nabla p')_P}{a_P} \qquad (5-50)$$

实际迭代过程中，为了改善收敛性[1]，引入松弛因子——压力松弛因子 α_P、速度松弛因子 α_u 和 α_v（u 和 v 分别为 X 方向和 Y 方向速度），实际压力修正的计算公式如下：

$$p = p^* + \alpha_P p' \qquad (5-51)$$

对于速度，下一次迭代初值为：

$$\begin{cases} u = (1 - \alpha_u)u^0 + \alpha_u u^1 \\ v = (1 - \alpha_v)v^0 + \alpha_v v^1 \end{cases} \qquad (5-52)$$

式中，上标 0 为上一时刻的迭代结果；上标 1 为当前计算结果，通过松弛因子，限制两次迭代结果的变化。

通常松弛因子的选取范围为 0~1，如压力松弛因子选取 0.7，速度松弛因子选取 0.4，松弛因子的选取由实际求解问题而定。

最后，讨论压力修正值方程的边界条件，分为三种情形：（1）界面处压力已知，此时压力无需修正，设定为第一类边界条件，即压力修正值的边界值为 0；（2）界面处速度已知，引入压力修正项的初衷是计算速度，而此时边界速度值已知，速度无需修正，故仍然设定为第一类边界条件，同样压力修正值的边界值为 0；（3）流体流动计算过程中，需要设置压力 0 参考点，该点的压力已知，故该点压力修正值设置同第一类情形。

5.4.3　SIMPLE 算法计算二维稳态流场的一般步骤

假设求解过程中，除了 N-S 方程和连续性方程，还包含了其他多物理场的控制微分方程（如温度、浓度、电势等标量）：（1）假设一个流场，初始化流场，设定边界条件；（2）计算 X 方向速率；（3）计算 Y 方向速率；（4）求解压力修正项方程；（5）修正压力和速度；（6）依次计算其他标量；（7）重复步骤（2）~（6），直到所有求解变量趋于恒定。

5.5　基于同位网格稳态流体流动计算

交错网格常见于文献，本书不再赘述。本节结合简单算例来说明使用同位网格解决流体流动问题的一般步骤和思路。交错网格主要适用于简单矩形网格，不易推广到非矩形计算域，基于此，人们提出了同位网格。

5.5.1　同位网格简介

顾名思义，与交错网格不同，同位网格的压力节点和速度节点处于相同位置，位于控制体中心。对于交错网格，压力节点所在控制体界面速度仅需做平均值即可得到；对于同位网格，界面处的速度不能使用相邻节点平均速度求解，通常使用 Rhie-Chow 算法[7]得到界面处速度。

5.5.2　Rhie-Chow 算法

同位网格下，对于单个控制体而言，对流与扩散都是发生在其界面上，所以对流—扩散方程离散格式中的 U_e、U_w、Γ_e、Γ_w、P_e 和 P_w 等界面变量需要使用界面处的值。对于压力，通常使用加权几何平均；对于界面扩散系数，往往使用调和平均值。界面速度在同位网格下可以使用几何平均吗？绝对不可以，同位网格界面速度使用 Rhie-Chow 进行计算。现简要介绍 Rhie-Chow 算法的思想。

可计算得到控制体节点 X 方向速率 U_P：

$$U_P = \underbrace{\frac{\sum\limits_{nb} a_{nb} U_{nb}}{a_P}}_{\text{压力无关项}} - \underbrace{\frac{V_P(\nabla P)_P}{a_P}}_{\text{压力相关项}} = \widetilde{U} + \hat{U} \tag{5-53}$$

将速度分为两部分，压力无关项 $\widetilde{U}$ 和压力相关项 $\hat{U}$：

$$\widetilde{U} = \sum_{nb} a_{nb} U_{nb}/a_P \tag{5-54}$$

$$\hat{U} = -d_P(P_e - P_w) \tag{5-55}$$

式中，$d_P = (V_P/\Delta x)/a_P = A_{P,\text{ avg}}/a_P$；$\Delta x$ 为控制体 X 方向空间步长；V_P 为控制体体积；$A_{P,\text{ avg}} = V_P/\Delta x$ 为控制体 X 方向上平均横截面积。

无论是控制体节点，抑或界面速度都可以分解为压力相关项或者压力无关项 $U_P = \widetilde{U} - d_P(P_e - P_w)$。如图 5-11 所示，计算节点 W 与节点 E 界面 face 处的 X 方向速率。首先 $U_{\text{face}} =$

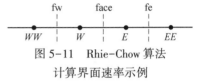

图 5-11 Rhie-Chow 算法
计算界面速率示例

$\widetilde{U}_{\text{face}} - d_{\text{face}}(P_E - P_W)$，$E$ 节点压力 P_E 和 W 节点压力 P_W 已知；d_{face} 根据相邻节点上的 $d_{E,\text{ face}}$ 与 $d_{W,\text{ face}}$ 插值平均得到，如果网格均匀，直接平均即可；界面压力无关速率 $\widetilde{U}_{\text{face}}$，通过相邻节点的压力无关速率 $\widetilde{U}_E$ 和 $\widetilde{U}_W$ 插值平均得到。而 $\widetilde{U}_E$ 和 $\widetilde{U}_W$ 可通过 $\widetilde{U} = U_P + d_P(P_e - P_w)$ 计算得到。

Rhie-Chow 算法计算界面速率步骤如下：（1）通过简单插值（平均）计算界面处压力分布；（2）计算没有压力梯度作用下的节点速度分布；（3）通过简单插值（平均）计算界面处无压力情形下界面速度分布；（4）计算界面上包含压力梯度影响的界面速度。

现举例说明通过 Rhie-Chow 算法计算图 5-11 界面 face 处速率，均匀网格的四个控制体所包含节点由西向东依次为 WW、W、E 和 EE，四个控制体三个界面依次为 fe、face 和 fw，试计算界面速率 U_{face}，根据前述得到：

$$U_{\text{face}} = \widetilde{U}_{\text{face}} - d_{\text{face}}(P_E - P_W) = \frac{1}{2}(\widetilde{U}_E + \widetilde{U}_W) - d_{\text{face}}(P_E - P_W) \tag{5-56}$$

由于 $\widetilde{U}_E = U_E + d_E(P_{\text{fe}} - P_{\text{face}})$，$\widetilde{U}_W = U_W + d_W(P_{\text{face}} - P_{\text{fw}})$，代入式（5-56）得到：

$$U_{\text{face}} = \frac{1}{2}\big[U_E + d_E(P_{\text{fe}} - P_{\text{face}}) + U_W + d_W(P_{\text{face}} - P_{\text{fw}})\big] - d_{\text{face}}(P_E - P_W) \tag{5-57}$$

整理式（5-57）得到：

$$U_{\text{face}} = \frac{1}{2}(U_E + U_W) + \frac{d_E}{2}(P_{\text{fe}} - P_{\text{face}}) + \frac{d_W}{2}(P_{\text{face}} - P_{\text{fw}}) - d_{\text{face}}(P_E - P_W)$$

$$(5-58)$$

而界面 fe、fw 和 face 处的压力根据其相邻节点计算平均值，如 $P_{\text{face}} = (P_E + P_W)/2$、$P_{\text{fe}} = (P_E + P_{EE})/2$，将所有界面压力替换为平均值，得：

$$U_{\text{face}} = \frac{1}{2}(U_E + U_W) + \left(\frac{d_E}{4} + \frac{d_W}{2}\right)P_W - \left(\frac{d_E}{2} + \frac{d_W}{4}\right)P_E + \frac{d_E}{4}P_{EE} - \frac{d_W}{4}P_{WW}$$

$$(5-59)$$

由上式可见，Rhie-Chow 算法计算界面处速度涉及到了 4 个相邻节点。

特例：当网格均匀、d 值处处相等、压力呈线性分布时，有：

$$U_{\text{face}} = \frac{1}{2}(U_E + U_W) \qquad (5-60)$$

5.5.3　收敛判据举例

N-S 方程的迭代计算中需要不断计算残差，当残差满足预设条件，迭代方可中止。假设 N-S 方程中速度或其他标量的求解依赖于以下线性方程组的求解：

$$a_P \phi_P = \sum_{nb} a_{nb} \phi_{nb} + b \qquad (5-61)$$

式中，nb 为与控制体 P 直接相邻的控制体，根据前述扩散—对流方程的离散格式，a_P 计算如下：

$$a_P = \sum_{nb} a_{nb} - S_P + \text{netFlux} \qquad (5-62)$$

速度方程或其他标量的残差可以定义[36]如下：

$$r_\phi = \frac{\sum_P \left| \sum_{nb} a_{nb} \phi_{nb} + b - a_P \phi_P \right|}{\sum_P |a_P \phi_P|} \qquad (5-63)$$

对于连续性方程的残差 r_C 可以定义为当前迭代过程中所有控制体净流量的最大值[37]：

$$r_C = \max(\text{netFlux}_1, \ \text{netFlux}_2, \ \cdots, \ \text{netFlux}_n) \qquad (5-64)$$

5.5.4　同位网格结合 SIMPLE 算法计算一维流动算例

例：如图 5-12 所示，无限大容器底部有一圆台形出口，试求线段 AB 上的速度与压力分布。数据：圆台高 AB 为 1m，底面积分别为 $1m^2$ 和 $2m^2$，流量为 $2kg/s$，上底圆心 B 处压力 P_B 为 0，AB 延长线无穷远处压力为 P_∞。

根据质量守恒原理，上底横截面速度 v_A 为 $2kg/s$

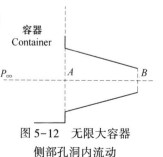

图 5-12　无限大容器
侧部孔洞内流动

$\div 1\text{m}^2 = 2\text{m/s}$；下底横截面速度 v_B 为 $2\text{kg/s} \div 2\text{m}^2 = 1\text{m/s}$。根据伯努利（Bernoulli）方程，任意横截面 i 都满足：

$$P_\infty = P_A + \frac{1}{2}\rho v_A^2 = P_i + \frac{1}{2}\rho v_i^2 = P_B + \frac{1}{2}\rho v_B^2 \qquad (5\text{-}65)$$

可计算得到 $P_A = 1.5\text{Pa}$。任意截面处速率 v_i 根据质量守恒 $v_i S_i = \text{const}$ 求解得到，其中 S_i 为截面 i 处的横截面积，进而根据伯努利方程可以计算 AB 线段上任意一点处的压力。

求解程序编制如下：

代码 5-4

```
1.   var thisTitle = "1D 流动方程的同位网格求解";
2.   window. addEventListener( "load", main, false);
3.
4.   var HybridScheme = 0;
5.   var FirstOrderUpwindScheme = 1;
6.   var PowerLawScheme = 2;
7.   var ExponentialScheme = 3;
8.   var CenteredDifferenceScheme = 4;
9.
10.  var U = 0, P = 1, Upseudo = 2, PC = 3, varCnt = 4;//速度、压力、压力无关速度、压力修正值的编号
11.  var alphaP = 0.4, alphaU = 0.1, alphaV = 0.7;//压力、速度的松弛因子
12.
13.  function FluidMaterial( viscosity, rho) {//流体属性
14.     this. viscosity = viscosity | | 1E - 3;
15.     this. rho = rho | | 1.000;
16.  }
17.
18.  var Node1D = function( x) {
19.     this. x = x; this. west = null; this. east = null;
20.
21.     this. phi = newArray( varCnt);
22.     this. rho = 0; this. rho_w = 0; this. rho_e = 0;
23.     this. gamma_w = 0; this. gamma_e = 0; this. rho = 0;
24.     this. Ureal = 0; this. Preal = 0;
25.     this. Ue = 0; this. Uw = 0;
26.     this. Ue_pseudo = 0; this. Uw_pseudo = 0;
27.     this. Pe = 0; this. Pw = 0;
28.     this. dx_w = 0; this. dx_e = 0;
29.     this. Se = 1; this. Sw = 1; this. Vol = 0;
30.     this. aE = 0; this. aW = 0; this. aP = 0; this. b = 0;
31.     this. PCdiff = 0; this. PCdiff_e = 0; this. PCdiff_w = 0;
32.     this. Sc = 0; this. Sp = 0;
33.     this. bcType = newArray( varCnt);
34.
35.     this. ApplyBC1 = ApplyBC1;
36.     this. CalcMatrics4U = CalcMatrics4U;
37.     this. CalcMatrics4PC = CalcMatrics4PC;
38.  };
39.
```

```
40.   function ApplyBC1( varIndex, value) {
41.     this. bcType[ varIndex ] = 1;
42.     this. aW = 0; this. aE = 0; this. aP = 1;
43.     this. b = value;
44.     this. phi[ varIndex ] = value;
45.   }
46.
47.   function CalcMatrics4U( timeStep) {//计算速度控制微分方程的系数矩阵,默认使用混合格式
48.     if( this. bcType[ U ] == 1) return;
49.
50.     var Diff_e = this. gamma_e/this. dx_e * this. Se;
51.     var Flux_e = this. rho_e * this. Ue * this. Se;
52.     var Peclet_e = Flux_e/Diff_e;
53.
54.     this. aE = Diff_e * AFunc( Peclet_e, HybridScheme) + Math. max( 0, -Flux_e);
55.
56.     var Diff_w = this. gamma_w/this. dx_w * this. Sw;
57.     var Flux_w = this. rho_w * this. Uw * this. Sw;
58.     var Peclet_w = Flux_w/Diff_w;
59.
60.     this. aW = Diff_w * AFunc( Peclet_w, HybridScheme) + Math. max( 0, Flux_w);
61.
62.     this. aP = this. aE + this. aW - this. Sp * this. Vol + Flux_e - Flux_w;
63.
64.     this. b = this. Sc * this. Vol;
65.     this. b -= ( this. Pe * this. Se - this. Pw * this. Sw);
66.   }
67.
68.   function CalcMatrics4PC( ) {//计算压力修正值控制微分方程系数矩阵
69.     if( this. bcType[ PC ] == 1) return;
70.
71.     this. aE = this. PCdiff_e/this. dx_e * this. Se;
72.     this. aW = this. PCdiff_w/this. dx_w * this. Sw;
73.     this. aP = this. aE + this. aW;
74.     this. b = this. Ue * this. Se - this. Uw * this. Sw;
75.   }
76.
77.   var Solution = function( nodes) {
78.     if( nodes) this. nodes = nodes; else this. nodes = [ ];
79.
80.     this. nx = 10; this. dx = 1; this. flowTime = 0;
81.
82.     this. SetUpGeometryAndMesh = SetUpGeometryAndMesh;
83.     this. ApplyMaterial = ApplyMaterial;
84.     this. SetUpBoundaryCondition = SetUpBoundaryCondition;
85.     this. SetUpBoundaryCondition4U = SetUpBoundaryCondition4U;
86.     this. SetUpBoundaryCondition4PC = SetUpBoundaryCondition4PC;
87.     this. Initialize = Initialize;
88.     this. CombineMatric4U = CombineMatric4U;
89.     this. CombineMatric4PC = CombineMatric4PC;
90.     this. InitialeUface = InitialeUface;
91.     this. CalcPface = CalcPface;
92.     this. CalcU_pseudo = CalcU_pseudo;
```

```
 93.      this. CalcUface = CalcUface;
 94.      this. CalcPCdiffusivity = CalcPCdiffusivity;
 95.      this. Fix = Fix;
 96.      this. Debug = Debug;
 97.      this. Solve = Solve;
 98.      this. ShowResults = ShowResults;
 99.    };
100.
101. function SetUpGeometryAndMesh( nx, dx) {
102.    this. nx = nx;
103.    this. dx = dx;
104.
105.    for( var i = 0; i<nx+3; i++) {
106.      nodes[ i] = new Node1D( ( i-1) * dx);
107.    }
108.
109.    for( var j = 1; j<= nx+1; j++) {
110.      nodes[ j]. west = nodes[ j-1];
111.      nodes[ j]. east = nodes[ j+1];
112.    }
113.
114.    var L = nodes[ nx+1]. x, radius, radius_e, radius_w;
115.    var radiusA = Math. sqrt( 2/Math. PI)/1. 00;
116.    var radiusB = Math. sqrt( 1/Math. PI)/1. 00;
117.    var radiusFun = function( xPos) { return radiusA+( radiusB-radiusA) * xPos/L; };
118.    var flux = 1 * 2 * 1;//rho = 1. 0, Area = 2, velocity = 1, than Flux = rho * Area * Velocity
119.    for( var k = 2; k<= nx; k++) {//计算各控制体面积、体积、真实压力和真实速度
120.      radius = radiusFun( nodes[ k]. x);
121.      radius_e = radiusFun( nodes[ k]. x+dx/2);
122.      radius_w = radiusFun( nodes[ k]. x-dx/2);
123.      nodes[ k]. SP = Math. PI * radius * radius;
124.      nodes[ k]. Se = Math. PI * radius_e * radius_e;
125.      nodes[ k]. Sw = Math. PI * radius_w * radius_w;
126.      nodes[ k]. Vol = dx * ( nodes[ k]. Se+nodes[ k]. Sw)/6;
127.      nodes[ k]. dx_w = dx;
128.      nodes[ k]. dx_e = dx;
129.      nodes[ k]. Ureal = flux/nodes[ k]. SP;
130.      nodes[ k]. Preal = 2-nodes[ k]. Ureal * nodes[ k]. Ureal/2;
131.    }
132.    //Patchs:首尾两端的控制体,需要修正一下
133.    radius_e = radiusFun( nodes[ 1]. x+dx/2);
134.    radius_w = radiusFun( nodes[ 1]. x);
135.    nodes[ 1]. Se = Math. PI * radius_e * radius_e;
136.    nodes[ 1]. Sw = Math. PI * radius_w * radius_w;
137.    nodes[ 1]. SP = 0. 5 * ( nodes[ 1]. Se+nodes[ 1]. Sw);
138.    nodes[ 1]. Vol = dx * ( nodes[ 1]. Se+nodes[ 1]. Sw)/6/2;
139.    nodes[ 1]. Ureal = flux/nodes[ 1]. Sw;
140.    nodes[ 1]. Preal = 2-nodes[ 1]. Ureal * nodes[ 1]. Ureal/2;
141.    radius_e = radiusFun( nodes[ nx+1]. x);
142.    radius_w = radiusFun( nodes[ nx+1]. x-dx/2);
143.    nodes[ nx+1]. Se = Math. PI * radius_e * radius_e;
144.    nodes[ nx+1]. Sw = Math. PI * radius_w * radius_w;
145.    nodes[ nx+1]. SP = 0. 5 * ( nodes[ nx+1]. Se+nodes[ nx+1]. Sw);
```

```
146.    nodes[nx+1].Vol=dx*(nodes[nx+1].Se+nodes[nx+1].Sw)/6/2;
147.    nodes[nx+1].Ureal=flux/nodes[nx+1].Se;
148.    nodes[nx+1].Preal=2-nodes[nx+1].Ureal*nodes[nx+1].Ureal/2;
149.
150.    for(var i=1;i<=nx+1;i++){
151.        console.log("node",i,nodes[i].SP,nodes[i].Ureal,nodes[i].Preal);
152.    }
153. }
154.

155. function ApplyMaterial(material){//设置材料
156.    for(var j=1;j<=this.nx+1;j++){
157.        nodes[j].viscosity=material.viscosity;
158.        nodes[j].gamma_e=material.viscosity;
159.        nodes[j].gamma_w=material.viscosity;
160.        nodes[j].rho=material.rho;
161.        nodes[j].rho_e=material.rho;
162.        nodes[j].rho_w=material.rho;
163.    }
164. }
165.

166. function SetUpBoundaryCondition(){//设置边界条件
167.    nodes[1].ApplyBC1(P,1.5);
168.    nodes[this.nx+1].ApplyBC1(P,0);
169.    this.SetUpBoundaryCondition4U();
170.    this.SetUpBoundaryCondition4PC();
171. }
172.

173. function SetUpBoundaryCondition4U(){//速度边界条件
174.    nodes[1].ApplyBC1(U,1);
175.    nodes[this.nx+1].ApplyBC1(U,2);
176. }
177.

178. function SetUpBoundaryCondition4PC(){//设置压力修正项边界条件
179.    nodes[1].ApplyBC1(PC,0);
180.    nodes[this.nx+1].ApplyBC1(PC,0);
181. }
182.

183. function Initialize(iniField){//初始化
184.    for(var j=0;j<=this.nx+2;j++){
185.        nodes[j].phi[U]=iniField[U];
186.        nodes[j].phi[P]=iniField[P];
187.    }
188.    this.CalcPface();
189.    this.InitialeUface();
190. }
191.

192. function InitialeUface(){//初始化界面速度
193.    for(var i=1;i<=this.nx+1;i++){
194.        nodes[i].Ue=(nodes[i].phi[U]+nodes[i+1].phi[U])/2;
195.        nodes[i].Uw=(nodes[i].phi[U]+nodes[i-1].phi[U])/2;
196.    }
197. }
198.
```

```
199. function CalcPface( ){//计算界面压力分布
200.   //Patches：
201.   nodes[0].phi[P]=2*nodes[1].phi[P]-nodes[2].phi[P];//Liear
202.   nodes[this.nx+2].phi[P]=2*nodes[this.nx+1].phi[P]-nodes[this.nx].phi[P];//Liear
203.
204.   for(var i=1;i<=this.nx+1;i++){
205.     nodes[i].Pw=(nodes[i].phi[P]+nodes[i].west.phi[P])/2;
206.     nodes[i].Pe=(nodes[i].phi[P]+nodes[i].east.phi[P])/2;
207.     //console.log(i,"Pw/Pe:",nodes[i].Pw,nodes[i].Pe);
208.   }
209. }
210.
211. function CalcU_pseudo( ){//计算压力无关速度分布
212.   for(var i=1;i<=this.nx+1;i++){
213.     nodes[i].phi[Upseudo]=nodes[i].phi[U]+(nodes[i].Pe*nodes[i].Se-nodes[i].Pw*nodes
       [i].Sw)/nodes[i].aP;
214.     //console.log("Upseudo:",nodes[i].phi[Upseudo]);
215.   }
216. }
217.
218. function CalcUface( ){//计算界面速度
219.   this.CalcPface( );//第1步,计算界面压力
220.   this.CalcU_pseudo( );//第2步,计算压力无关速度分布
221. //第3步,计算界面速度
222.   for(var i=2;i<=this.nx;i++){
223.     nodes[i].Uw_pseudo=(nodes[i].phi[Upseudo]+nodes[i].west.phi[Upseudo])/2;
224.     nodes[i].Ue_pseudo=(nodes[i].phi[Upseudo]+nodes[i].east.phi[Upseudo])/2;
225.     //console.log("Uwe_pseudo:",nodes[i].Uw_pseudo,nodes[i].Ue_pseudo);
226.   }
227.   var d_avg;
228.   for(var i=2;i<=this.nx;i++){
229.     d_avg=(1/nodes[i].aP+1/nodes[i].west.aP)/2;
230.     nodes[i].Uw=nodes[i].Uw_pseudo-(nodes[i].phi[P]*nodes[i].SP-nodes[i].west.phi[P]*
       nodes[i].Sw)*d_avg;
231.     d_avg=(1/nodes[i].aP+1/nodes[i].east.aP)/2;
232.     nodes[i].Ue=nodes[i].Ue_pseudo-(nodes[i].east.phi[P]*nodes[i].Se-nodes[i].phi[P]*
       nodes[i].SP)*d_avg;
233.     //console.log("Uw-Ue:",nodes[i].Uw,nodes[i].Ue);
234.   }
235. }
236.
237. function CalcPCdiffusivity( ){//计算压力修正值控制微分方程的扩散系数
238.   for(var i=1;i<=this.nx+1;i++){
239.     nodes[i].PCdiff=nodes[i].Vol/nodes[i].aP;
240.   }
241.
242.   for(var i=1;i<=this.nx+1;i++){
243.     nodes[i].PCdiff_e=(nodes[i+1].aP+nodes[i].aP)/2;
244.     nodes[i].PCdiff_w=(nodes[i-1].aP+nodes[i].aP)/2;
245.   }
246. }
247.
248. function CombineMatric4U(timeStep,AMatric,bRHS){//计算速度方程系数矩阵
```

```
249.    for( var i = 1 ; i <= this. nx+1 ; i++ ) {
250.      var node = this. nodes[ i ] ;
251.      node. CalcMatrics4U( timeStep ) ;
252.      var baseIndex = 3 * ( i−1 ) ;
253.      AMatric[ baseIndex+0 ] = −node. aW ;
254.      AMatric[ baseIndex+1 ] = node. aP ;
255.      AMatric[ baseIndex+2 ] = −node. aE ;
256.      bRHS[ i−1 ] = node. b ;
257.    }
258.  }
259.
260.  function CombineMatric4PC( timeStep , AMatric , bRHS ) { //计算压力修正值方程系数矩阵
261.    for( var i = 1 ; i <= this. nx+1 ; i++ ) {
262.      var node = this. nodes[ i ] ;
263.      node. CalcMatrics4PC( timeStep ) ;
264.      var baseIndex = 3 * ( i−1 ) ;
265.      AMatric[ baseIndex+0 ] = −node. aW ;
266.      AMatric[ baseIndex+1 ] = node. aP ;
267.      AMatric[ baseIndex+2 ] = −node. aE ;
268.      bRHS[ i−1 ] = node. b ;
269.    }
270.  }
271.
272.  function Fix( alphaP , alphaU , alphaV ) { //压力与速度修正
273.    for( var j = 1 ; j <= this. nx+1 ; j++ ) {
274.      if( nodes[ j ]. bcType[ P ] ! = 1 )
275.        nodes[ j ]. phi[ P ] += alphaP * nodes[ j ]. phi[ PC ] ;
276.      if ( nodes[ j ]. bcType[ U ] ! = 1 ) { //Fixed Boundary Value , Just Skip
277.        nodes[ j ]. phi[ U ] * = ( 1−alphaU ) ;
278.        nodes[ j ]. phi[ U ] −= alphaU * ( nodes[ j+1 ]. phi[ PC ] * nodes[ j+1 ]. SP−nodes[ j−1 ]. phi[ PC ] *
            nodes[ j−1 ]. SP )/nodes[ j ]. aP/2 ;
279.      }
280.    }
281.  }
282.
283.  function Solve( iterCnt , timeStep ) { //求解
284.    var dim = this. nx+1 , Ures , Pres , Cres ;
285.    var AMatric = newArray( dim * 3 ) ;
286.    var bRHS = newArray( dim ) ;
287.    var root = newArray( dim ) ;
288.
289.    for( var iter = 0 ; iter < iterCnt ; iter++ ) {
290.      //Step 1 ; Solve Velocity
291.      this. SetUpBoundaryCondition4U( ) ;
292.      this. CombineMatric4U( timeStep , AMatric , bRHS ) ;
293.      Ures = SolveByTDMA( dim , AMatric , bRHS , root ) ;
294.      for( var j = 1 ; j <= dim+1 ; j++ ) { nodes[ j ]. phi[ U ] = root[ j−1 ] ; }
295.      this. Debug( root ) ;
296.      //Step 2 ; Calculate Velocity in between Control Volume
297.      this. CalcUface( ) ;
298.      //Step 3 ; Calculate Pressure Corrections
299.      this. CalcPCdiffusivity( ) ;
300.      this. SetUpBoundaryCondition4PC( ) ;
```

```
301.        this. CombineMatric4PC( timeStep, AMatric, bRHS) ;
302.        Cres = VectorUtil. MAX( bRHS) ;
303.        Pres = SolveByTDMA( dim, AMatric, bRHS, root) ;
304.        for( var j = 1;j <= dim+1;j++) { nodes[ j]. phi[ PC] = root[ j-1] ; }
305.        this. Debug( root) ;
306.        //Step 4:Fix Velocity and Pressure
307.        this. Fix( alphaP, alphaU, alphaV) ;
308.
309.        rm. AddNewRes( [ Ures, Pres, Cres] , iter) ;//Plot Current Residual
310.        console. log( Cres, Ures, Pres, "res") ;
311.      }
312. }
313.
314. function ShowResults( ) { //显示计算结果
315.      var x = [ ] , y0 = [ ] , y1 = [ ] , y2 = [ ] , y3 = [ ] , y4 = [ ] , L = nodes[ this. nx+1] . x;
316.      for( var i = 1;i <= this. nx+1;i++) {
317.        x[ i-1] = nodes[ i]. x. toFixed( 2) ;
318.        y0[ i-1] = nodes[ i]. phi[ U] ;
319.        y1[ i-1] = nodes[ i]. phi[ P] ;
320.        y2[ i-1] = nodes[ i]. phi[ PC] ;
321.        y3[ i-1] = nodes[ i]. Ureal;
322.        y4[ i-1] = nodes[ i]. Preal;
323.      }
324.
325.      var chartCtx = GetCanvasContext( "canvasSimu", "2d") ;
326.      var data = AssembledChartData( x, [ y0, y1, y2, y3, y4] , [ "Velocity", "Pressure", "Pressure Correction", "
     Ureal", "Preal"] ) ;
327.
328.      var myChart = new Chart( chartCtx). Line( data, {responsive:true,xLabelsSkip:1,bezierCurve:false} ) ;
329.      var legendLabel = myChart. generateLegend( ) ;
330.      var legendHolder = document. getElementById( "legendSimu") ;
331.      legendHolder. innerHTML = legendLabel;
332. }
333.
334. var nodes = [ ] , mtrl;
335. var Uini = 1. 5, Pini = 1;
336. var rm = null;
337.
338. function onSolve( ) {
339.      var solution = new Solution( nodes) ;
340.
341.      var nx = 5, dx = 1/nx;
342.      solution. SetUpGeometryAndMesh( nx, dx) ;//设置网格
343.
344.      var viscosity = 1E-3, rho = 1. 000;
345.      mtrl = new FluidMaterial( viscosity, rho) ;
346.      solution. ApplyMaterial( mtrl) ;//设定材料
347.
348.      var iniField = newArray( Uini, Pini) ;
349.      var iterations = QueryPara( "iteration") || 10;
350.
351.      solution. Initialize( iniField) ;//初始化
352.
```

```
353.    solution. SetUpBoundaryCondition( );//设置边界条件
354.
355.    rm = new ResidualMonitor( "canvasResi" , "Flow1D" ) ;
356.    rm. ShowLegend( "legendResi" ) ;//显式残差走势
357.
358.    solution. Solve( iterations ) ;//求解
359.
360.    solution. ShowResults( ) ;//后处理
361. }
362.
363. function main( ) {
364.    document. title = thisTitle;
365.    onSolve( ) ;
366. }
367.
368. function AFunc( peclet , scheme ) {/ * 篇幅所限,内容参考本书其他章节 * /}
369.
370. function Debug( root ) {//输出调试信息
371.    var table = document. createElement( "table" ) ;
372.    table. setAttribute( "border" , "1" ) ;
373.    table. setAttribute( "align" , "center" ) ;
374.
375.    function create_thd_and_append_row( tr , text , tagNmae ) {
376.       var tagNmae = ( tagNmae == "td" ) ?"td" : "th" ;
377.       var tag = document. createElement( tagNmae ) ;
378.       tag. innerHTML = text ;
379.       tr. appendChild( tag ) ;
380.    }
381.
382.    var tr = document. createElement( "tr" ) ;
383.
384.    create_thd_and_append_row( tr , "Aw" , "th" ) ;
385.    create_thd_and_append_row( tr , "Ap" , "th" ) ;
386.    create_thd_and_append_row( tr , "Ae" , "th" ) ;
387.    create_thd_and_append_row( tr , "b" , "th" ) ;
388.    create_thd_and_append_row( tr , "root" , "th" ) ;
389.
390.    table. appendChild( tr ) ;
391.
392.    for( var idx , index , node , row = 1 ; row <= this. nx+1 ; row++) {
393.       var tr = document. createElement( "tr" ) ;
394.       node = nodes[ row ] ;
395.
396.       create_thd_and_append_row( tr , node. aW. toFixed( 1 ) , "td" ) ;
397.       create_thd_and_append_row( tr , node. aP. toFixed( 1 ) , "td" ) ;
398.       create_thd_and_append_row( tr , node. aE. toFixed( 1 ) , "td" ) ;
399.       create_thd_and_append_row( tr , node. b. toFixed( 1 ) , "td" ) ;
400.
401.       if( root ) create_thd_and_append_row( tr , root[ row−1 ]. toFixed( 5 ) , "td" ) ;
402.
403.       table. appendChild( tr ) ;
404.    }
405.    document. getElementById( "tbHost" ). appendChild( table ) ;
406. }
```

使用上述程序，迭代 10 次，计算结果与使用伯努利方程得到的解析解结果如图 5-13 所示。速度计算结果较为一致，压力分布计算结果与解析解存在一定误差，可能与松弛因子选取有关。迭代次数有限的情况下，参考文献［3］中对本算例的计算结果也存在较大误差。

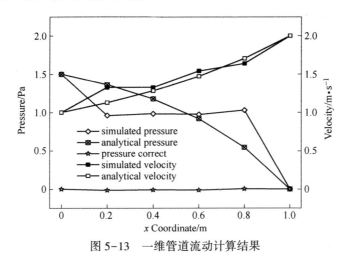

图 5-13　一维管道流动计算结果

图 5-14 为迭代过程中速度、压力和连续性方程的残差。计算过程中，速度与压力的残差较小，而连续性方程的残差较大。

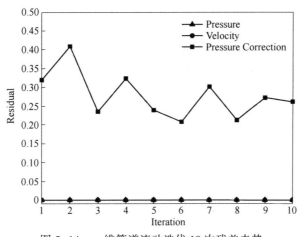

图 5-14　一维管道流动迭代 10 次残差走势

5.5.5　同位网格结合人工压缩算法计算方腔流动算例

例：使用同位网格结合人工压缩算法计算 5.2.4 节中的方腔流动。

计算流程如下：（1）初始化；（2）计算 X 方向和 Y 方向速度分布；（3）根

据人工压缩算法计算压强分布；（4）根据 Rhie-Chow 算法计算控制体界面处的速度；（5）重复步骤（2）~（4），直到满足设定条件。方腔顶驱流的计算程序程序如下：

代码 5-5

```
1.    var thisTitle="2D Flow Field by 人工压缩算法|同位网格";
2.
3.    window. addEventListener("load",main,false);
4.
5.    var HybridScheme=0;
6.    var FirstOrderUpwindScheme=1;
7.    var PowerLawScheme=2;
8.    var ExponentialScheme=3;
9.    var CenteredDifferenceScheme=4;
10.   var CXC=2.25;//人工压缩法中的常数c的平方
11.
12.   var U=0,V=1,P=2,Upseudo=3,Vpseudo=4,varCnt=5;
13.   var alphaP=0.4,alphaU=0.1,alphaV=0.7;
14.
15.   function FluidMaterial(viscosity,rho){/*篇幅所限,内容参考本书其他章节*/}
16.
17.   var Node2D=function(x,y){
18.     this. x=x;this. y=y;//控制体位置
19.     this. west=null;this. east=null;this. north=null;this. south=null;//东南西北相邻节点
20.     this. aE=0;this. aW=0;this. aN=0;this. aS=0;this. aP=0;this. aP0=0;//系数矩阵
21.
22.     this. b=newArray(varCnt);//常数项
23.     this. phi=newArray(varCnt);//求解量,包含速度、压力
24.     this. bcType=newArray(varCnt);//各个求解量边界条件
25.
26.     this. Ue=0;this. Uw=0;this. Vn=0;this. Vs=0;//界面速度
27.     this. Ue_pseudo=0;this. Uw_pseudo=0;this. Vn_pseudo=0;this. Vs_pseudo=0;//压力无关速度
28.     this. dx=0;this. dy=0;this. dx_w=0;this. dx_e=0;this. dy_n=0;this. dy_s=0;//控制体大小
29.     this. rho=0;this. rho_e=0;this. rho_w=0;this. rho_n=0;this. rho_s=0;//密度
30.     this. gamma_n=0;this. gamma_s=0;this. gamma_e=0;this. gamma_w=0;//扩散系数
31.     this. netFlux=0;
32.
33.     this. Se=0;this. Sw=0;this. Sn=0;this. Ss=0;this. Vol=0;//控制体面积和体积
34.     this. Sc=0;this. Sp=0;//源项
35.
36.     this. ApplyBC1=ApplyBC1;
37.     this. CalcMatrices4UV=CalcMatrices4UV;
38.     this. CalcMatrices4RHS=CalcMatrices4RHS;
39.     this. PressureEval=PressureEval;
40.   };
41.
42.   function ApplyBC1(varID,value){//设置第一类边界条件
43.     this. bcType[varID]=1;
44.     this. aW=0;this. aE=0;this. aN=0;this. aS=0;this. aP=1;
45.     this. b[varID]=value;
46.     this. phi[varID]=value;
```

```
47.   }
48.
49.  function CalcMatrics4UV( varID, timeStep ) {//计算 X 或 Y 方向速度
50.    if( this. bcType[ varID ] == 1 ) return ;
51.
52.    var Diff_e = this. gamma_e/this. dx_e * this. Se ;
53.    var Flux_e = this. rho_e * this. Ue * this. Se ;
54.    var Peclet_e = Flux_e/Diff_e ;
55.    this. aE = Diff_e * AFunc( Peclet_e, HybridScheme ) +Math. max( 0, -Flux_e ) ;
56.
57.    var Diff_w = this. gamma_w/this. dx_w * this. Sw ;
58.    var Flux_w = this. rho_w * this. Uw * this. Sw ;
59.    var Peclet_w = Flux_w/Diff_w ;
60.    this. aW = Diff_w * AFunc( Peclet_w, HybridScheme ) +Math. max( 0, Flux_w ) ;
61.
62.    var Diff_n = this. gamma_n/this. dy_n * this. Sn ;
63.    var Flux_n = this. rho_n * this. Vn * this. Sn ;
64.    var Peclet_n = Flux_n/Diff_n ;
65.    this. aN = Diff_n * AFunc( Peclet_n, HybridScheme ) +Math. max( 0, -Flux_n ) ;
66.
67.    var Diff_s = this. gamma_s/this. dy_s * this. Ss ;
68.    var Flux_s = this. rho_s * this. Vs * this. Ss ;
69.    var Peclet_s = Flux_s/Diff_s ;
70.    this. aS = Diff_s * AFunc( Peclet_s, HybridScheme ) +Math. max( 0, Flux_s ) ;
71.
72.    this. aP0 = this. rho * this. Vol/timeStep ;
73.    this. netFlux = Flux_e-Flux_w+Flux_n-Flux_s ;
74.    this. aP = this. aE+this. aW+this. aN+this. aS+this. aP0-this. Sp * this. Vol+this. netFlux ;
75.   }
76.
77.  function CalcMatrics4RHS( varID ) {//计算 X 或 Y 方向方程的常数项
78.    if( this. bcType[ varID ] == 1 ) return ;
79.    this. b[ varID ] = this. Sc * this. Vol ;
80.    this. b[ varID ] += this. aP0 * this. phi[ varID ] ;
81.    if( varID == U ) this. b[ varID ] -= ( this. Pe * this. Se-this. Pw * this. Sw ) ;
82.    if( varID == V ) this. b[ varID ] -= ( this. Pn * this. Sn-this. Ps * this. Ss ) ;
83.   }
84.
85.  function PressureEval( ) {//人工压缩算法计算压力
86.   var Flux_e = this. rho_e * this. Ue * this. Se ;
87.   var Flux_w = this. rho_w * this. Uw * this. Sw ;
88.   var Flux_n = this. rho_n * this. Vn * this. Sn ;
89.   var Flux_s = this. rho_s * this. Vs * this. Ss ;
90.   this. netFlux = Flux_e-Flux_w+Flux_n-Flux_s ;
91.   this. phi[ P ] -= CXC * timeStep * this. netFlux/this. Vol ;
92.    }
93.
94.    var Solution = function( nodes ) {
95.    if( nodes ) this. nodes = nodes ; else this. nodes = [ ] ;
96.
97.    this. xDim = 10 ; this. yDim = 10 ; this. dx = 1 ; this. dy = 1 ;
98.    this. nodeNum = 100 ; this. flowTime = 0 ;
99.
```

```
100.    this. SetUpGeometryAndMesh = SetUpGeometryAndMesh ;
101.    this. indexFun = indexFun ; this. idxFun = idxFun ;
102.    this. ApplyMaterial = ApplyMaterial ;
103.    this. SetUpBoundaryCondition = SetUpBoundaryCondition ;
104.    this. SetUpBoundaryCondition4U = SetUpBoundaryCondition4U ;
105.    this. SetUpBoundaryCondition4V = SetUpBoundaryCondition4V ;
106.    this. Initialize = Initialize ;
107.    this. CombineMatric4UV = CombineMatric4UV ;
108.    this. CombineMatric4RHS = CombineMatric4RHS ;
109.    this. InitialeUVface = InitialeUVface ;
110.    this. CalcPface = CalcPface ;
111.    this. CalcUV_pseudo = CalcUV_pseudo ;
112.    this. CalcUVface = CalcUVface ;
113.    this. CalcPressure = CalcPressure ;
114.    this. Solve = Solve ;
115.    this. SetUpInitialRoot = SetUpInitialRoot ;
116.    this. SolveLinearEqByConjuageGradient = SolveLinearEqByConjuageGradient ;
117.    this. CopyRoot = CopyRoot ;
118.    this. GetContourData = GetContourData ;
119.    this. GetContourElements = GetContourElements ;
120.    this. ShowResults = ShowResults ;
121.    this. ShowContour = ShowContour ;
122.    this. printCoeffs = printCoeffs ;
123. } ;
124.
125. function SetUpGeometryAndMesh( nx , ny , dx , dy ) { //设置计算域及其网格
126.    this. xDim = nx+1 ; this. yDim = ny+1 ; this. dx = dx ; this. dy = dy ;
127.
128.    for( var index = 0 , col = 0 ; col<nx+3 ; col++ ) {
129.      for( var row = 0 ; row<ny+3 ; row++ ) {
130.        index = this. indexFun( col , row ) ;
131.        nodes[ index ] = new Node2D( ( col-1 ) * dx , ( row-1 ) * dy ) ;
132.      }
133.    }
134.
135.    this. nodeNum = nodes. length ;
136.
137.    for( var index = 0 , col = 1 ; col<nx+2 ; col++ ) {
138.      for( var row = 1 ; row<ny+2 ; row++ ) {
139.        index = this. indexFun( col , row ) ;
140.
141.        nodes[ index ]. east = nodes[ index+1 ] ; nodes[ index ]. west = nodes[ index-1 ] ;
142.        nodes[ index ]. north = nodes[ index+this. xDim+2 ] ; nodes[ index ]. south = nodes[ index-this. xDim-2 ] ;
143.        nodes[ index ]. Vol = dx * dy * 1 ;
144.        nodes[ index ]. Se = dy * 1 ; nodes[ index ]. Sw = dy * 1 ; nodes[ index ]. Sn = dx * 1 ; nodes[ index ]. Ss = dx * 1 ;
145.        nodes[ index ]. dx_w = dx ; nodes[ index ]. dx_e = dx ; nodes[ index ]. dy_n = dy ; nodes[ index ]. dy_s = dy ;
146.      }
147.    }
148.
149.    for( var col = 1 , row = 1 ; row<ny+2 ; row++ ) {
150.      index = this. indexFun( col , row ) ;
151.      nodes[ index ]. Vol /= 2.0 ; nodes[ index ]. Sn /= 2.0 ; nodes[ index ]. Ss /= 2.0 ; nodes[ index ]. west = null ;
152.    }
```

```
361.    this. SetUpInitialRoot(U,root);//设置 X 方向速度的迭代初始值
362.    Ures=this. SolveLinearEqByConjuageGradient(bRHS,root,U,false);//求解方程组
363.    this. CopyRoot(U,root);//更新 X 方向速度
364.    //Step 3:Solve Y-Velocity
365.    this. SetUpBoundaryCondition4V();
366.    this. CombineMatric4RHS(V);
367.    this. SetUpInitialRoot(V,root);
368.    Vres=this. SolveLinearEqByConjuageGradient(bRHS,root,V,false);//
369.    this. CopyRoot(V,root);
370.    //Step 4:Calculate Velocity in between Control Volume
371.    this. CalcUVface();//求解界面速度
372.    //Step 5:Calculate Pressure Corrections
373.    Cres=this. CalcPressure();//求解压力分布,并计算连续性方程组的残差
374.
375.    rm. AddNewRes([Ures,Vres,Pres,Cres],iter);//Plot Current Residual 更新残差并绘制曲线
376.    console. log(iter,"Residual-> Continuity:",Cres,"X-Vel:",Ures,"Y-Vel:",Vres,"Pres:",Pres);
377.  }
378. }
379.
380. function SetUpInitialRoot(varID,root){/* 篇幅所限,内容参考本书其他章节 */}
381.
382. function SolveLinearEqByConjuageGradient(bRHS,root,varID,debugMode){}
383. function CopyRoot(varID,root){/* 篇幅所限,内容参考本书其他章节 */}
384. function GetContourElements(){/* 篇幅所限,内容参考本书其他章节 */}
385. function GetContourData(varID){//获取云图绘制数据
386.    for(var pointList=[],node,index,row=1;row<=this. yDim;row++){
387.      for(var col=1;col<=this. xDim;col++){
388.        index=this. indexFun(col,row);
389.        node=nodes[index];
390.        pointList. push(new XYZ(node. x,node. y,node. phi[varID]));
391.      }
392.    }
393.    return pointList;
394. }
395.
396. function ShowResults(){
397.    function tsFun(pnt){//坐标变换函数,用于计算机显示
398.      var x=250 * pnt. x+110;
399.      var y=300-250 * pnt. y-20;
400.      returnnew XYZ(x,y,0);
401.    }
402.
403.    var eleLst=this. GetContourElements();
404.
405.    this. ShowContour("PContour",P,eleLst,tsFun);//绘制压力云图
406.    this. ShowContour("UContour",U,eleLst,tsFun);//绘制 X 方向速度云图
407.    this. ShowContour("VContour",V,eleLst,tsFun);//绘制 Y 方向速度云图
408.
409.    var pos=new Complex(),vec=new Complex(),magnifer=20;
410.    var ctx=GetCanvasContext("PContour","2d");
411.    for(var tmpPos,node,index,row=1;row<=this. yDim;row++){
412.      for(var col=1;col<=this. xDim;col++){
413.        index=this. indexFun(col,row);
```

```
414.        node = nodes[index];tmpPos = tsFun(node);//坐标变换
415.        pos. x = tmpPos. x;pos. y = tmpPos. y;
416.        vec. x = node. phi[U] * magnifer;vec. y =-node. phi[V] * magnifer;//y分量为什么是负号? 请思考
417.        ContourUtil. DrawArrow(ctx,pos,vec);//绘制速度矢量场
418.      }
419.    }
420. }
421.
422. function ShowContour(canvasID,varID,eleLst,tsFun){ /* 篇幅所限,内容参考本书其他章节 */}
423.
424. var nodes = [ ] ,rm = null;
425. var mtx = new SparseMatrix(1E-10);//稀疏矩阵
426. var timeStep = 1E-1;
427.
428. function onSolve( ){
429.    rm = new ResidualMonitor("ResiChart","Flow2D");//创建实时残差绘制组件
430.    rm. ShowLegend("legendResi");
431.
432.    var solution = new Solution(nodes);
433.
434.    var nx = 25,dx = 1/nx,ny = 25,dy = 1/ny;
435.    solution. SetUpGeometryAndMesh(nx,ny,dx,dy);//设置计算域及其网格
436.
437.    var rho = 1,viscosity = 1;
438.    var mtrl = new FluidMaterial(rho,viscosity);
439.    solution. ApplyMaterial(mtrl);//设置流体属性
440.
441.    solution. Initialize({U:0,V:0,P:0});//初始化
442.
443.    solution. SetUpBoundaryCondition( );//设置边界条件
444.
445.    var iterations = QueryPara("iteration")||500;//迭代次数设定为500
446.
447.    solution. Solve(iterations);//迭代求解
448.
449.    solution. ShowResults( );//后处理
450. }
451.
452.    function main( ){ document. title = thisTitle;onSolve( );}
453.    function AFunc(peclet,scheme){ /* 篇幅所限,内容参考本书其他章节 */}
454.    function printCoeffs(root){ /* 篇幅所限,内容参考本书其他章节 */}
```

　　将计算域剖分为 25×25 的同位网格，时间步长 0.1s，迭代 500 次，X 和 Y 方向速度方程的残差随迭代次数变化趋势如图 5-15 所示。由图可知，迭代初期残差变化剧烈，随着计算的收敛，残差在不断减少。

　　连续性方程残差如图 5-16 所示。由图可见随着迭代进行，各个控制体的连续性方程在逐渐满足。

　　压强分布及速度矢量分布如图 5-17 所示。由图可知，方腔左上角压强较低，方腔右上角压强较高，正是存在如此的压强分布在一定程度上驱动了流体在方腔内的循环流动。速度分布形态与参考文献 [37] 中流动算例较为一致。

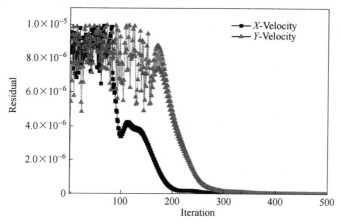

图 5-15 速度残差随迭代次数变化

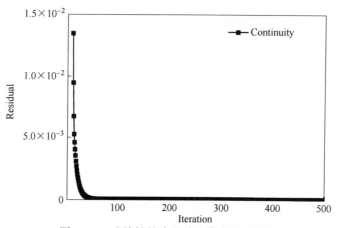

图 5-16 连续性的残差随迭代次数的变化

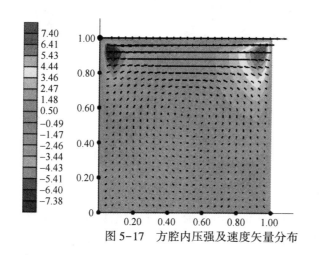

图 5-17 方腔内压强及速度矢量分布

  X 方向速度分布如图 5-18 所示。由图可知，方腔顶部流体由左向右流动，中下部流体由右向左流动，形成环流。

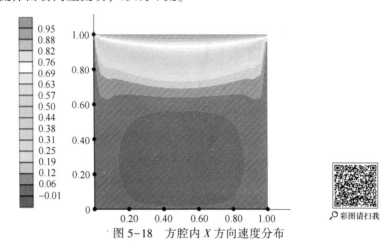

图 5-18　方腔内 X 方向速度分布

  Y 方向速度分布如图 5-19 所示。由图可知，左侧有流体由下而上运动，右侧流体由上向下流动形成环流。

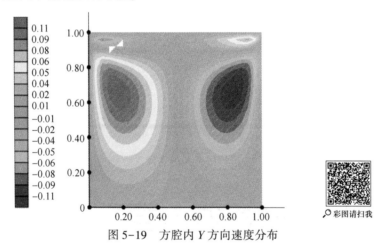

图 5-19　方腔内 Y 方向速度分布

  程序说明如下：

  （1）改程序计算结果受迭代时间和网格密度影响很大，提高计算精度，需要进一步细分网格。

  （2）程序适用于低雷诺数情形，高雷诺数的方腔流动需要考虑湍流。

5.6　其他复杂问题

  流动过程三维及非稳态问题请参考文献［1］；雷诺数高时，需要考虑湍流，湍流问题的讨论超出本书讨论范围，请参考文献［1］和［38］。

6 二维温度场有限元程序开发入门

本章简要回顾基于三角单元的有限元方法求解 2D 温度场的理论基础[5~39]，并给出程序实现。

6.1 有限元方法求解温度场理论基础

6.1.1 无内热源稳态温度场内部单元矩阵计算

如图 6-1 所示，假设三角单元三个顶点 node0、node1 和 node2 按照逆时针编号，对应边也由 node0 开始逆时针方向编号，三个节点的温度已知分别为 T_0、T_1 和 T_2，三角单元内部任一位置 (x, y) 的温度可以通过式（6-1）插值计算得到[5]。

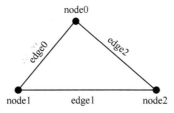

图 6-1　三角形单元节点与边

$$T = \frac{1}{2\Delta} \begin{bmatrix} a[0] + b[0] \times x + c[0] \times y \\ a[1] + b[1] \times x + c[1] \times y \\ a[2] + b[2] \times x + c[2] \times y \end{bmatrix}^{\mathrm{T}} \times \begin{bmatrix} T_0 \\ T_1 \\ T_2 \end{bmatrix} \qquad (6-1)$$

其中 a、b 和 c 分别有 3 个元素，计算公式如下：

$$a[0] = node1.x \times node2.y - node2.x \times node1.y$$
$$a[1] = node2.x \times node0.y - node0.x \times node2.y \qquad (6-2)$$
$$a[2] = node0.x \times node1.y - node1.x \times node0.y$$

$$b[0] = node1.y - node2.y$$
$$b[1] = node2.y - node0.y \qquad (6-3)$$
$$b[2] = node0.y - node1.y$$

$$c[0] = node2.x - node1.x$$
$$c[1] = node0.x - node2.x \qquad (6-4)$$

$$c[2] = \text{node1}.x - \text{node0}.x$$

以上 node1.x 表示节点 node1 的 x 坐标，以此类推；同时可以计算出三角形三条边的长度 sideLens [0]、sideLens [1] 和 sideLens [2] 及三角形面积 Δ：

$$\text{sideLens}[0] = \sqrt{(\text{node0}.x - \text{node1}.x)^2 + (\text{node0}.y - \text{node1}.y)^2}$$

$$\text{sideLens}[1] = \sqrt{(\text{node1}.x - \text{node2}.x)^2 + (\text{node1}.y - \text{node2}.y)^2} \quad (6\text{-}5)$$

$$\text{sideLens}[2] = \sqrt{(\text{node2}.x - \text{node0}.x)^2 + (\text{node2}.y - \text{node0}.y)^2}$$

$$\Delta = |0.5 \times (b[0] \times c[1] - b[1] \times c[0])| \quad (6\text{-}6)$$

有限元分析中，计算域内部的三角单元顶点（即有限元节点）温度 T_0、T_1 和 T_2 为未知量，设该三角单元温度分布函数为 $T(x, y)$，为了使 $T(x, y)$ 能够最大程度满足传热控制偏微分方程，$T(x, y)$ 的求解等同于求解泛函问题，寻找最优的 T_0、T_1 和 T_2 使泛函 $J(T_0, T_1, T_2)$ 最小，即满足如下方程[40]：

$$\begin{Bmatrix} \dfrac{\partial J^e}{\partial T_0} \\[2mm] \dfrac{\partial J^e}{\partial T_1} \\[2mm] \dfrac{\partial J^e}{\partial T_2} \end{Bmatrix} = \begin{bmatrix} K[0][0] & K[0][1] & K[0][2] \\ K[1][0] & K[1][1] & K[1][2] \\ K[2][0] & K[2][1] & K[2][2] \end{bmatrix} \begin{Bmatrix} T_0 \\ T_1 \\ T_2 \end{Bmatrix} - \begin{Bmatrix} p[0] \\ p[1] \\ p[2] \end{Bmatrix} = 0 \quad (6\text{-}7)$$

系数矩阵 K 的主对角元素计算如下[40]：

$$K[0][0] = \phi \times (b[0] \times b[0] + c[0] \times c[0])$$

$$K[1][1] = \phi \times (b[1] \times b[1] + c[1] \times c[1])$$

$$K[2][2] = \phi \times (b[2] \times b[2] + c[2] \times c[2]) \quad (6\text{-}8)$$

此处 $\phi = \lambda/4\Delta$，系数矩阵非主对角元素的计算如下[40]：

$$K[0][1] = K[1][0] = \phi \times (b[0] \times b[1] + c[0] \times c[1])$$

$$K[1][2] = K[2][1] = \phi \times (b[1] \times b[2] + c[1] \times c[2])$$

$$K[2][0] = K[0][2] = \phi \times (b[2] \times b[0] + c[2] \times c[0]) \quad (6\text{-}9)$$

无内热源稳态导热问题时方程常数项 p 都为 0：

$$p[0] = p[1] = p[2] = 0 \quad (6\text{-}10)$$

6.1.2　源项及非稳态项的处理

当材料存在发热量为 q_s（单位为 W/m³）内热源时，修改三角单元各常数项：

$$p[i] \mathrel{+}= q_s \cdot \Delta/3 (i = 0, 1, 2) \quad (6\text{-}11)$$

式（6-11）中的"+="表示原有基础上叠加，如式（6-11）等同于 $p[i] = p[i] + q_s \cdot \Delta/3$，下同。

非稳态传热时，需要修改系数矩阵主对角元素和常数项[40]：

$$K[0][0] += \phi$$
$$K[1][1] += \phi$$
$$K[2][2] += \phi \tag{6-12}$$
$$p[0] += \phi \times \text{node0.}\, T^0$$
$$p[1] += \phi \times \text{node1.}\, T^0$$
$$p[2] += \phi \times \text{node2.}\, T^0 \tag{6-13}$$

式中，$\phi = \rho \cdot c_p \cdot \Delta/\text{timeStep}/3$；$\rho$、$c_p$、timeStep 和 T^0 分别为三角单元的密度、比热容、时间步长和上一时刻温度值。

6.1.3 边界条件的处理

第一类边界条件的节点温度场已知，无需求解。第二类边界条件给定边界热流 q_{bound}，根据等效热源法的思路，将其等效为内热源 $q_{bc} = q_{\text{bound}} \times$ sideLens$[j]/2$，但主要影响边界，而不是整个单元格[40]：

$$p[j] += q_{bc}$$
$$p[k] += q_{bc} \tag{6-14}$$

注意，式（6-14）中的 i 和 j 为边界上的两个节点对应的方程常数项。第三类边界条件给定边界处换热系数 α 及环境温度 T_{ambient}，修改系数矩阵和常数项：

$$K[j][j] += \alpha \times \text{sideLens}[j]/3$$
$$K[k][k] += \alpha \times \text{sideLens}[j]/3 \tag{6-15}$$
$$K[j][k] += \alpha \times \text{sideLens}[j]/6$$
$$K[k][j] += \alpha \times \text{sideLens}[j]/6 \tag{6-16}$$
$$p[j] += \alpha \cdot T_{\text{ambient}} \cdot \text{sideLens}[j]/2$$
$$p[k] += \alpha \cdot T_{\text{ambient}} \cdot \text{sideLens}[j]/2 \tag{6-17}$$

6.1.4 整体合成的概念

如式（6-7），一个三角单元可以得到关于三个节点温度的方程组，该方程组中系数矩阵为 3×3，常数项为 3×1，共 12 个值。所谓系数矩阵总体合成，就是解决若有 m 个三角单元，n 个节点的网格，那么如何根据 12×m 个数值去确定整体系数矩阵？现举例说明有限元温度场分析中整体矩阵

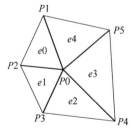

图 6-2 有限元网格剖分示意图

合成。图 6-2 所示为 6 个节点 5 个三角单元的网格，现根据各个单元的系数矩阵和常数项得到关于 6 个节点温度的方程组。

图 6-2 中的 5 个单元的系数矩阵和常数项列举见表 6-1，由于系数矩阵为对称矩阵，故仅列出了上三角元素值。

表 6-1　单元格信息及系数矩阵

单元	节点编号			系数矩阵主对角元素			上三角非主对角			常数项		
0	0	1	2	$K_{0,0}^0$	$K_{1,1}^0$	$K_{2,2}^0$	$K_{0,1}^0$	$K_{0,2}^0$	$K_{1,2}^0$	p_0^0	p_1^0	p_2^0
1	0	2	3	$K_{0,0}^1$	$K_{2,2}^1$	$K_{3,3}^1$	$K_{0,2}^1$	$K_{0,3}^1$	$K_{4,4}^1$	p_0^1	p_2^1	p_3^1
2	0	3	4	$K_{0,0}^2$	$K_{3,3}^2$	$K_{4,4}^2$	$K_{0,3}^2$	$K_{0,4}^2$	$K_{4,4}^2$	p_0^2	p_3^2	p_4^2
3	0	4	5	$K_{0,0}^3$	$K_{4,4}^3$	$K_{5,5}^3$	$K_{0,4}^3$	$K_{0,5}^3$	$K_{4,5}^3$	p_0^3	p_4^3	p_5^3
4	0	5	1	$K_{0,0}^4$	$K_{5,5}^4$	$K_{1,1}^4$	$K_{0,5}^4$	$K_{0,1}^4$	$K_{1,5}^4$	p_0^4	p_5^4	p_1^4

最终求解温度场方程如下（6个未知温度，系数矩阵为6×6的对称矩阵，由于对称未列出上三角矩阵元素）：

$$\begin{bmatrix} K_{0,0} & & & & & \\ K_{1,0} & K_{1,1} & & & & \\ K_{2,0} & K_{2,1} & K_{2,2} & & & \\ K_{3,0} & K_{3,1} & K_{3,2} & K_{3,3} & & \\ K_{4,0} & K_{4,1} & K_{4,2} & K_{4,3} & K_{4,4} & \\ K_{5,0} & K_{5,1} & K_{5,2} & K_{5,3} & K_{5,4} & K_{5,5} \end{bmatrix} \begin{bmatrix} T_0 \\ T_1 \\ T_2 \\ T_3 \\ T_4 \\ T_5 \end{bmatrix} = \begin{bmatrix} b_0 \\ b_1 \\ b_2 \\ b_3 \\ b_4 \\ b_5 \end{bmatrix} \quad (6-18)$$

根据泛函分析结果[5]，最终总体系数矩阵（6×6的对称矩阵）和常数项计算思路为：将表6-1中下标相同的元素叠加到总体矩阵元素即可。计算如下：主对角元素 $K_{0,0}=K_{0,0}^0+K_{1,1}^1+K_{2,2}^2+K_{3,3}^3+K_{4,4}^4$，$K_{1,1}=K_{1,1}^0+K_{1,1}^4$，…；非主对角元素 $K_{0,1}=K_{1,0}=K_{0,1}^0+K_{0,1}^4$，$K_{4,1}=K_{1,4}=0$，$K_{0,5}=K_{5,0}=K_{0,5}^3+K_{0,5}^4$，…；常数项 $b_0=p_0^0+p_0^1+p_0^2+p_0^3+p_0^4$，$b_1=p_1^0+p_1^4$，…。

总体系数矩阵中的元素 $K_{i,j}$ 可以视作受其他节点的影响作用系数：如 $K_{0,0}$ 即节点0的温度影响系数，图6-2中可见节点0温度受所有节点的影响，所以 $K_{0,0}$ 叠加了5个三角单元的系数矩阵元素；$K_{1,1}$ 为节点1的温度影响系数，节点1只受到了单元0和单元4的影响，故只叠加了三角单元0和三角单元4的系数矩阵元素；$K_{0,1}=K_{1,0}$ 表示节点1对节点0的影响等于节点0对节点1的影响（典型扩散现象，与对流不一样，上游对下游有影响但下游不一定对上游有影响，也基于此，造就了系数矩阵最终为对称矩阵），节点0与节点1只和单元0和单元4有关，故 $K_{0,1}$ 只叠加了三角单元0和三角单元4的系数矩阵元素；$K_{4,1}$ 表示节点4对节点1的温度影响，显然节点1与节点4没有直接相邻，故影响为0，同样是由于有限元网格中，大部分节点只有有限个相邻节点，才造成整体系数矩阵为稀疏矩阵。

6.1.5　减少稀疏矩阵带宽的方法

自此系数矩阵计算完成，解方程组就可以得到温度场，但为了更快求解方程组，我们回顾一下三对角矩阵的求解。顾名思义，三对角矩阵中的元素都靠近主对角，据此方程组求解方便，系数矩阵存内存占用少，如果将三对角方程组中的任意两个方程对调，TDMA 算法就失效了；相反的，如果对有限元中三角单元重新编号，使得系数矩阵的所有元素最大程度的靠近主对角（这个过程称作减少矩阵带宽），会对方程组的求解有什么影响呢？答案是肯定的，矩阵带宽会减少计算时间。参考文献［41］介绍了 Cuthill-McKee 算法[42]，对三角单元序列进行排序，但是排序过程及涉及的数据结构较为繁琐，同时参考文献［41］给出了详细步骤，此处不再赘述。黄志超等提出了一种简单可行的单元排序方法[43]，使用简单数据结构即可程序实现：（1）查找各节点的相邻节点序列（数组）。（2）计算与各节点相邻的节点的编号总和。（3）查找并计算各节点的相邻节点序列中的最大节点编号与最小节点编号并求和。（4）计算出各节点的节点商（某节点的相邻节点编号总和除以该节点相邻节点个数）。（5）依据节点商对节点进行升序排序，等节点商时依据最大最小节点编号和做升序排序。（6）重复（2）~（5），直到带宽不能再减小为止。（7）更新单元节点编号。

6.1.6 有限元温度场求解流程

常物性稳态温度场求解步骤如下：（1）单元格重排；（2）系数矩阵计算；（3）求解方程组。非线性材料的稳态温度场求解步骤如下：（1）单元格重排；（2）用上一次迭代结果初始化温度场，并更新物性参数；（3）计算系数矩阵；（4）求解方程组；（5）重复步骤（2）~（4），直到最近两次迭代的计算结果接近到一定值。

常物性非稳态温度场求解步骤如下：（1）单元格重排；（2）用上一次迭代结果初始化温度场；（3）计算或更新系数矩阵；（4）求解方程组；（5）重复步骤（2）~（4），直到达到求解时间。

6.1.7 后处理中的两个基本问题

本节讨论两个基本问题：

（1）如何确定计算域内任意一点处的温度值？首先确定该点在哪一个三角单元内部，然后使用插值函数式（6-1）求解即可。但问题是如何判断一个点是否在某一个三角形内部？根据计算机图形图像学的方法[44]，对于图 6-1 中的三角形，三边所在向量为：

$$\begin{cases} \vec{e}_0 = (node1.x - node0.x,\ node1.y - node0.y) \\ \vec{e}_1 = (node2.x - node1.x,\ node2.y - node1.y) \\ \vec{e}_2 = (node0.x - node2.x,\ node0.y - node2.y) \end{cases} \tag{6-19}$$

由于互相垂直的向量内积为 0，三边的法线为：

$$\begin{cases} \vec{n}_0 = (\text{node1}.y - \text{node0}.y, \ \text{node0}.x - \text{node1}.x) \\ \vec{n}_1 = (\text{node2}.y - \text{node1}.y, \ \text{node1}.x - \text{node2}.x) \\ \vec{n}_2 = (\text{node0}.y - \text{node2}.y, \ \text{node2}.x - \text{node0}.x) \end{cases} \qquad (6\text{-}20)$$

对于任意点 $P(x, y)$，只要三个节点（node_i，$i = 0, 1, 2$）同时满足式（6-21），则说明点 P 位于三角形内，特别地，一次等号出现说明点 P 在某边上，两次出现说明点 P 在三角形某一个顶点上：

$$(\vec{n}_0 \cdot \vec{e}_2)[\vec{n}_i \cdot (x - \text{node}_i.x, \ y - \text{node}_i.y)] \leqslant 0 \qquad (6\text{-}21)$$

（2）如何计算单元节点的热流强度？例如，求图 6-2 中所示的 P 点热流强度，热流等于导热系数与温度的负梯度，首先求解 P 点的温度梯度。每个单元节点被若干个三角单元所共享，在 P 点附近做一级泰勒级数展开：

$$T(x, y) = T_P + \frac{\partial T_P}{\partial x}(x_P - x) + \frac{\partial T_P}{\partial y}(y_P - y) + \cdots \qquad (6\text{-}22)$$

忽略二阶及二阶以上的无穷小量，将图 6-2 中的 5 个节点代入式（6-22），得到关于温度梯度方程组：

$$T_{P1} = T_P + \frac{\partial T_P}{\partial x}(x_P - x_{P1}) + \frac{\partial T_P}{\partial y}(y_P - y_{P1})$$

$$T_{P2} = T_P + \frac{\partial T_P}{\partial x}(x_P - x_{P2}) + \frac{\partial T_P}{\partial y}(y_P - y_{P2}) \qquad (5\text{-}23)$$

$$\vdots$$

$$T_{P5} = T_P + \frac{\partial T_P}{\partial x}(x_P - x_{P5}) + \frac{\partial T_P}{\partial y}(y_P - y_{P5})$$

注意到式（6-23）是 5 个方程、2 个未知数的病态方程组，典型的最小二乘法问题，求解可参考文献 [23]。对于方程组 $A_{5 \times 2} x_{2 \times 1} = b_{2 \times 1}$，在其两侧左乘系数矩阵的转置得到 $(A_{5 \times 2}^{\mathrm{T}} \cdot A_{5 \times 2}) x_{2 \times 1} = A_{5 \times 2}^{\mathrm{T}} \cdot b_{2 \times 1}$ 这样的常规方程，也可计算得到温度梯度，从而计算热流强度。

6.2　2D 温度场验证算例

首先计算 4.2.2 节中的二维拉普拉斯方程解析解的例子。程序实现关键在于系数矩阵的计算、整体合成、边界条件的施加：

代码 6-1

```
1.   var thisTitle = "三角单元非稳态温度场有限元求解";
2.
3.   window. addEventListener("load", main, false);
4.
5.   function FEMaterial(lmd, Cp, rho, qs){/*与前述程序相同,增加热源一个成员变量*/}
6.
7.   function BC(bcType){
8.     this. bcType = bcType;
```

```
9.      this. value = 0; this. alpha = 0;
10.      this. UDFvalue = null;//边界值可以为自定义函数,类似于 Fluent 中的 UDF
11.   }
12.
13.   var FEMNode = function( x,y) {
14.      this. x = x; this. y = y;
15.      this. T = 0; this. T0 = 0;
16.   };
17.
18.   var FEMElem = function( p,mtrl,bc) {
19.      this. p = p || ( newArray( 3) ) ;
20.      this. mtrl = mtrl;
21.
22.      this. Kmtx = newArray( newArray( 3) ,newArray( 3) ,newArray( 3) );//系数矩阵/3X3 的矩阵;
23.      this. pVec = newArray( 3) ;
24.      this. sideLens = newArray( 3) ;
25.      this. a = newArray( 3) ;//形状系数;
26.      this. b = newArray( 3) ;//形状系数;
27.      this. c = newArray( 3) ;//形状系数;
28.      this. bc = bc || newArray( 3) ;//边界条件编号
29.      if( ! bc) VectorUtil. ASSIGN( this. bc, -1) ;
30.      this. area = 0;
31.
32.      this. CalcShapeParameters = CalcShapeParameters;
33.      this. CalcKMatric = CalcKMatric;
34.   };
35.
36.   function CalcShapeParameters( nodes,timeStep) {
37.      var p = this. p;
38.
39.      this. b[ 0] = nodes[ p[ 1] ]. y-nodes[ p[ 2] ]. y;
40.      this. b[ 1] = nodes[ p[ 2] ]. y-nodes[ p[ 0] ]. y;
41.      this. b[ 2] = nodes[ p[ 0] ]. y-nodes[ p[ 1] ]. y;
42.      this. c[ 0] = nodes[ p[ 2] ]. x-nodes[ p[ 1] ]. x;
43.      this. c[ 1] = nodes[ p[ 0] ]. x-nodes[ p[ 2] ]. x;
44.      this. c[ 2] = nodes[ p[ 1] ]. x-nodes[ p[ 0] ]. x;
45.
46.      for( var k,j = 0;j<3;j++) {
47.        k = j+1;if( k == 3) k = 0;
48.        this. sideLens[ j] = PointUtil. DistanceP2P( nodes[ p[ k] ],nodes[ p[ j] ]) ;
49.      }
50.
51.   this. area = ( this. b[ 0] * this. c[ 1] -this. b[ 1] * this. c[ 0])/2;
52.   this. area = Math. abs( this. area) ;
53.   }
54.
55.   function CalcKMatric( nodes,timeStep) {
56.      for( var j = 0;j<3;j++) VectorUtil. ASSIGN( this. Kmtx[ j],0) ;
57.      VectorUtil. ASSIGN( this. pVec,0) ;
58.
59.      var p = this. p;
60.      this. CalcShapeParameters( nodes) ;//形状系数
61.
```

```
62.    var mtrl = mtrlList[ this. mtrl ] ;
63.    var phi = mtrl. lmd/this. area/4;
64.    //主对角元素计算
65.    this. Kmtx[ 0 ][ 0 ] = phi * ( this. b[ 0 ] * this. b[ 0 ]+this. c[ 0 ] * this. c[ 0 ] );
66.    this. Kmtx[ 1 ][ 1 ] = phi * ( this. b[ 1 ] * this. b[ 1 ]+this. c[ 1 ] * this. c[ 1 ] );
67.    this. Kmtx[ 2 ][ 2 ] = phi * ( this. b[ 2 ] * this. b[ 2 ]+this. c[ 2 ] * this. c[ 2 ] );
68.    //非主对角元素的计算,对称矩阵
69.    this. Kmtx[ 0 ][ 1 ] = this. Kmtx[ 1 ][ 0 ] = phi * ( this. b[ 0 ] * this. b[ 1 ]+this. c[ 0 ] * this. c[ 1 ] );
70.    this. Kmtx[ 1 ][ 2 ] = this. Kmtx[ 2 ][ 1 ] = phi * ( this. b[ 1 ] * this. b[ 2 ]+this. c[ 1 ] * this. c[ 2 ] );
71.    this. Kmtx[ 2 ][ 0 ] = this. Kmtx[ 0 ][ 2 ] = phi * ( this. b[ 2 ] * this. b[ 0 ]+this. c[ 2 ] * this. c[ 0 ] );
72.    //非稳态项的处理
73.    if ( timeStep>0) {
74.      phi = mtrl. Cp * mtrl. rho * this. area/timeStep/3;
75.
76.      this. Kmtx[ 0 ][ 0 ] += phi;
77.      this. Kmtx[ 1 ][ 1 ] += phi;
78.      this. Kmtx[ 2 ][ 2 ] += phi;
79.
80.      this. pVec[ 0 ] = phi * nodes[ p[ 0 ] ]. T0;
81.      this. pVec[ 1 ] = phi * nodes[ p[ 1 ] ]. T0;
82.      this. pVec[ 2 ] = phi * nodes[ p[ 2 ] ]. T0;
83.    }
84.    //内热源处理
85.    for( var j = 0;j<3;j++) this. pVec[ j ] += mtrl. qs * this. area/3;
86.    //单元第二类和第三类边界条件的处理
87.    for( var bcIndex, bc, bcType, k, j = 0;j<3;j++) {
88.      k = j+1;if( k == 3 ) k = 0;
89.      bcIndex = this. bc[ j ];
90.      if ( bcIndex >= 0 ) {
91.        bc = bcList[ bcIndex ];
92.        bcType = bc. bcType;
93.        if( bcType == 2 ) { //第二类边界条件,与内热源处理方式类似
94.          phi = bc. value * this. sideLens[ j ]/2;
95.          this. pVec[ j ] += phi;
96.          this. pVec[ k ] += phi;
97.          continue;
98.        } elseif( bcType == 3 ) {
99.          phi = bc. alpha * this. sideLens[ j ]/6;
100.         this. Kmtx[ j ][ j ] += phi * 2. ;
101.         this. Kmtx[ k ][ k ] += phi * 2. ;
102.         this. Kmtx[ j ][ k ] += phi;
103.         this. Kmtx[ k ][ j ] += phi;
104.
105.         phi = bc. alpha * bc. value * this. sideLens[ j ]/2;
106.         this. pVec[ j ] += phi;
107.         this. pVec[ k ] += phi;
108.         continue;
109.        }
110.      }
111.    }
112. }
113.
114. var Solution = function ( nodes ) {
```

```
115.    if( nodes) this. nodes = nodes;
116.    elsethis. nodes = [ ] ;
117.
118.    this. flowTime = 0 ;
119.    this. SetUpGeometryAndMesh = SetUpGeometryAndMesh;
120.    this. DemoGeometryAndMesh = DemoGeometryAndMesh;
121.    this. ApplyMaterial = ApplyMaterial;
122.    this. SetUpBoundaryCondition = SetUpBoundaryCondition;
123.    this. Initialize = Initialize;
124.    this. UpdateOld = UpdateOld;
125.    this. Solve = Solve;
126.    this. CalcHeatFlow = CalcHeatFlow;
127.    this. ShowResults = ShowResults;
128. } ;
129.
130. function SetUpGeometryAndMesh( nx, ny, dx, dy) {
131.    this. DemoGeometryAndMesh( nx, ny, dx, dy) ;
132. }
133.
134. function DemoGeometryAndMesh( nx, ny, dx, dy) {
135.    for( var row = 1 ; row < = ny+1 ; row++) {
136.      for( var col = 1 ; col < = nx+1 ; col++) {
137.        nodes. push( new FEMNode( ( col-1) * dx, ( row-1) * dy) );
138.      }
139.    }
140.
141.    function idxFun( xStride, col, row) { return( row-1) * xStride+col-1; }
142.
143.    for( var mtrlIndex = 0, row = 1 ; row<ny+1 ; row++) {
144.      for( var col = 1 ; col<nx+1 ; col++) {
145.        var indexA = idxFun( nx+1, col, row) ;
146.        var indexB = idxFun( nx+1, col+1, row) ;
147.        var indexC = idxFun( nx+1, col+1, row+1) ;
148.        var indexD = idxFun( nx+1, col, row+1) ;
149.
150.        var ps1 = newArray( indexA, indexD, indexC) ;
151.        var ps2 = newArray( indexA, indexC, indexB) ;
152.
153.        var ele1 = new FEMElem( ps1, mtrlIndex) ;
154.        var ele2 = new FEMElem( ps2, mtrlIndex) ;
155.
156.        ConfigBC( ele1, nodes, nx, ny, dx, dy) ;
157.        ConfigBC( ele2, nodes, nx, ny, dx, dy) ;
158.
159.        elems. push( ele1, ele2) ;
160.      }
161.    }
162.
163.    NumElems = elems. length;
164.    NumNodes = nodes. length;
165. }
166.
```

```
167. function ConfigBC( elem, nodes, nx, ny, dx, dy) {
168.    var Lx = nx * dx, Ly = ny * dy;
169.    for( var eps = 1E-3, x0, y0, x1, y1, k, j = 0; j < 3; j++) {
170.       k = j+1; if( k == 3) k = 0;
171.       x0 = nodes[ elem. p[ j ] ]. x;
172.       y0 = nodes[ elem. p[ j ] ]. y;
173.       x1 = nodes[ elem. p[ k ] ]. x;
174.       y1 = nodes[ elem. p[ k ] ]. y;
175.
176.       if( ( Math. abs( y0-0) < eps) && ( Math. abs( y1-0) < eps) ) {
177.          elem. bc[ j ] = 0; continue;
178.       }
179.       if( ( Math. abs( x0-0) < eps) && ( Math. abs( x1-0) < eps) ) {
180.          elem. bc[ j ] = 1; continue;
181.       }
182.       if ( ( Math. abs( y0-Ly) < eps) && ( Math. abs( y1-Ly) < eps) ) {
183.          elem. bc[ j ] = 2; continue;
184.       }
185.       if( ( Math. abs( x0-Lx) < eps) && ( Math. abs( x1-Lx) < eps) ) {
186.          elem. bc[ j ] = 3; continue;
187.       }
188.    }
189. }
190.
191. function ApplyMaterial( material) { mtrlList[ 0 ] = material; }
192.
193. function SetUpBoundaryCondition( ) {
194.    var bc00 = new BC( 1), bc01 = new BC( 1), bc02 = new BC( 1), bc03 = new BC( 1);
195.    bc00. value = 100; bc01. value = 0; bc02. value = 0; bc03. value = 0;
196.    var udf00 = function( x, y) { return 10 * Math. sin( Math. PI * x/50); }
197.    var udf01 = function( x, y) { return 0. 05 * y * ( 30-y); }
198.    bc00. UDFvalue = udf00;
199.    bc01. UDFvalue = udf01;
200.    bcList. push( bc00, bc01, bc02, bc03);
201. }
202.
203. function Initialize( Tini) {
204.    for( var j = 0; j < NumNodes; j++) {
205.       nodes[ j ]. T0 = Tini;
206.    }
207. }
208.
209. function UpdateOld( ) {
210.    for( var i = 0; i < NumNodes; i++) {
211.       nodes[ i ]. T0 = nodes[ i ]. T;
212.    }
213. }
214.
215. function Solve( iterCnt, timeStep) {
216.    var solved = newArray( NumNodes);
217.    var bRHS = newArray( NumNodes);
218.    var root = newArray( NumNodes);
219.    VectorUtil. ASSIGN( solved, false);
```

```
220.    VectorUtil. ASSIGN(bRHS,0);
221.    VectorUtil. SHUFFLE(root,0,100);
222.    //单独处理第一类边界条件
223.    for(var p,bc,value,i=0;i<NumElems;i++){
224.        for(var k,j=0;j<3;j++){
225.            k=j+1;if(k==3)k=0;
226.            if(elems[i].bc[j]>=0){
227.                p=elems[i].p;
228.                bc=bcList[elems[i].bc[j]];
229.                if(bc.bcType==1){
230.                    value=bc.UDFvalue? bc.UDFvalue(nodes[p[j]].x,nodes[p[j]].y):bc.value
231.                    bRHS[p[j]]=value;
232.                    value=bc.UDFvalue? bc.UDFvalue(nodes[p[k]].x,nodes[p[k]].y):bc.value
233.                    bRHS[p[k]]=value;
234.                    solved[p[j]]=true;
235.                    solved[p[k]]=true;
236.                }
237.            }
238.        }
239.    }
240.    //创建稀疏矩阵
241.    mtx.Create(NumNodes,solved);
242.    //赋初始值
243.    this.UpdateOld();
244.    //系数矩阵整体合成
245.    for(var value,p,i=0;i<NumElems;i++){
246.        elems[i].CalcKMatric(nodes);
247.        p=elems[i].p;
248.        //叠加单元系数矩阵到整体系数矩阵
249.        for(j=0;j<3;j++){
250.            for(k=0;k<3;k++){
251.                value=mtx.get(p[j],p[k]);
252.                value+=elems[i].Kmtx[j][k];
253.                mtx.set(p[j],p[k],value);
254.            }
255.            bRHS[p[j]]+=elems[i].pVec[j];
256.        }
257.    }
258.    //mtx.ShowSparseMatrix(bRHS);//调试矩阵求解是否正确
259.    mtx.SolveByCG(bRHS,root,1E-5);//求解方程组
260.    //更新温度场
261.    for(var realT,i=0;i<NumNodes;i++){
262.        nodes[i].T=root[i];
263.        realT=realSolution(nodes[i].x,nodes[i].y,50,30,0.05,10,5);//解析解
264.        nodes[i].z=nodes[i].T-realT;//z 用于绘制 Contour
265.    }
266. }
267.
268. function ShowResults(){
269.    var context=GetCanvasContext("canvasContour","2d");
270.
271.    var vK=ContourUtil.SpawnValueKey(nodes,18);
272.    var cK=ColorUtil.getLegendColor(vK.length);
```

```
273.
274.    ContourUtil. DrawLegend( context,vK,2) ;
275.
276.    function tsFun( pnt) {
277.       var x = 8 * pnt. x+110;
278.       var y = 300−8 * pnt. y−20;
279.       returnnew XYZ( x,y,0) ;
280.    }
281.    ContourUtil. DrawAll( context,nodes,elems,tsFun,cK,vK,false) ;
282.    ContourUtil. ShowCoordnates( context,tsFun,50,30,5,3) ;
283. }
284.
285. var NumNodes = 0,NumElems = 0;
286. var nodes = [ ] ,elems = [ ] ,bcList = [ ] ,mtrlList = [ ] ;
287. var mtx = new SparseMatrix( 1E−10) ;
288.
289. function onSolve( ) {
290.    var solution = new Solution( nodes) ;
291.
292.    solution. SetUpGeometryAndMesh( 50,30,1,1) ;
293.
294.    var lmd = 1,Cp = 1,rho = 1,Tini = 10; ;
295.    var mtrl = new FEMaterial( lmd,Cp,rho,0) ;
296.    solution. ApplyMaterial( mtrl) ;
297.
298.    solution. SetUpBoundaryCondition( ) ;
299.
300.    solution. Initialize( Tini) ;
301. var start = new Date( ). getTime( ) ;
302.    solution. Solve( iterations,timeStep) ;
303. var end = new Date( ). getTime( ) ;
304.    solution. ShowResults( ) ;
305. }
306.
307. function main( ) {
308.    document. title = thisTitle;onSolve( ) ;
309. }
310.
311. function serialItem( x,y,a,b,A,B,k) {/ * 篇幅所限,此处略去,请参考 4. 2. 2 节 * /}
312. function realSolution( x,y,a,b,A,B,kmax) {/ * 篇幅所限,此处略去,请参考 4. 2. 2 节 * /}
```

计算结果的误差分布如图 6-3 所示。

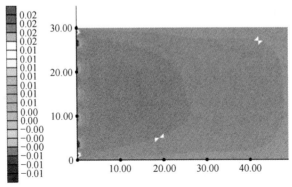

图 6-3　有限元方法计算结果误差分布

如果在求解前先对单元节点重新排序，调用 SortNode( ) 函数：

代码 6-2

```
1.    function addNeighbour( node , index ) {
2.      var neighbour = node. neighbour;
3.      for( var i = 0 ; i<neighbour. length ; i++ ) {
4.        if( neighbour[ i ] == index ) return;
5.      }
6.
7.      neighbour. push( index );
8.      node. avgIndex += index;
9.      if( index>node. maxIndex ) node. maxIndex = index;
10.     if( index<node. minIndex ) node. minIndex = index;
11.   }
12.
13.   function SortNode( ) {
14.     for( var node , i = 0 ; i<NumNodes ; i++ ) {
15.       node = nodes[ i ];
16.       node. index0 = i;
17.       node. avgIndex = 0;
18.       node. maxIndex = Number. MIN_VALUE;
19.       node. minIndex = Number. MAX_VALUE;
20.       if( ! node. neighbour ) node. neighbour = newArray( );
21.     }
22.
23.     for( var p , node0 , node1 , node2 , elem , i = 0 ; i<NumElems ; i++ ) {
24.       elem = elems[ i ] ; p = elem. p;
25.       node0 = nodes[ p[ 0 ] ] ; node1 = nodes[ p[ 1 ] ] ; node2 = nodes[ p[ 2 ] ];
26.       addNeighbour( node0 , p[ 1 ] ) ; addNeighbour( node0 , p[ 2 ] );
27.       addNeighbour( node1 , p[ 2 ] ) ; addNeighbour( node1 , p[ 0 ] );
28.       addNeighbour( node2 , p[ 1 ] ) ; addNeighbour( node2 , p[ 0 ] );
29.     }
30.
31.     for( var i = 0 ; i<NumNodes ; i++ ) {
32.       nodes[ i ]. avgIndex /= nodes[ i ]. neighbour. length;
33.     }
34.
35.     function sortFun( nodeA , nodeB ) {
36.       return
    nodeA. avgIndex * 1E6 + nodeA. maxIndex + nodeA. minIndex − nodeB. avgIndex * 1E6 − nodeB. maxIndex −
    nodeB. minIndex;
37.     }
38.
39.     nodes. sort( sortFun );
40.     //Build index MAP
41.     var indexMap = newArray( NumNodes );
42.     for( var node , i = 0 ; i<NumNodes ; i++ ) {
43.       node = nodes[ i ];
44.       indexMap[ node. index0 ] = i;
45.     }
46.     //Updates Elements
47.     for( var elem , i = 0 ; i<NumElems ; i++ ) {
48.       elem = elems[ i ];
49.       elem. p[ 0 ] = indexMap[ elem. p[ 0 ] ];
50.       elem. p[ 1 ] = indexMap[ elem. p[ 1 ] ];
51.       elem. p[ 2 ] = indexMap[ elem. p[ 2 ] ];
52.     }
53.   }
```

将排序前后的系数矩阵绘制出来，代码如下：

代码 6-3

```
1.   var ctx = GetCanvasContext("matrixPlotter","2d");
2.   ctx.stokeStyle = "red";
3.   ctx.rect(0,0,NumNodes/5,NumNodes/5);
4.   ctx.stroke();
5.   ctx.stokeStyle = "black";
6.   for(var row = 0;row<NumNodes;row++){
7.     var e = mtx.dataBin[row];
8.     while(e! = null){
9.       ctx.beginPath();
10.      ctx.arc(e.col/5,row/5,1,0,Math.PI * 2);
11.      ctx.closePath();
12.      ctx.stroke();
13.      e = e.next;
14.    }
15.  }
```

运行程序，一次排序前后系数矩阵内的非 0 元素分布如图 6-4 所示。

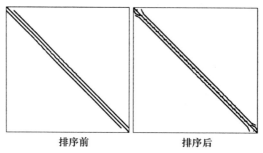

排序前　　　　　　　　　排序后

图 6-4　一次排序后系数矩阵非 0 元素分布

由图可见，排序前的系数矩阵带宽已近较小（由于网格非常规则），排序后，系数矩阵带宽没有显著改观，所以计算时间没有显著提升。

6.3　非矩形区域温度场算例

例 1：试计算 3.3 节中两个三角形拼接的正方形区域稳态温度场，修改 6.2 节中网格、边界条件和材料，代码如下：

代码 6-4

```
1.   function SetUpGeometryAndMesh(nx,ny,dx,dy){
2.     var domains = new CalculationDomains();
3.
4.     domains.addPrimaryNode({x:0,y:0});
5.     /* 篇幅所限,此处略去代码,请参考 3.3 节算例 1 中给出的代码 */
6.     domains.addDomainDef({sgmts:[4,2,3],mtrl:1});
7.
8.     var mesh = domains.spawnGrid();
```

```
9.
10.     var meshNodes = mesh. nodes;
11.     var meshElems = mesh. elems;
12.
13.     NumNodes = meshNodes. length;
14.     NumElems = meshElems. length;
15. //转换网格单元节点到有限元网格节点
16.     for( var i = 0; i < NumNodes; i++) nodes[i] = new FEMNode(meshNodes[i]. x, meshNodes[i]. y);
17. //转换网格单元到有限元单元,方能计算
18.     for( var j = 0; j < NumElems; j++) elems[j] = new
        FEMElem( meshElems[j]. p, meshElems[j]. material, meshElems[j]. bc);
19.     }
20.
21.     function ApplyMaterial( material) {
22.     var mtrl01 = new FEMaterial( 1, 1, 1, 0);
23.     mtrlList. push( mtrl01);//材料1:密度为1,比热容为1,导热系数为1,无内热源
24.     mtrlList. push( {rho:10,Cp:20,lmd:30,qs:0} );//材料2:密度10,比热容20,导热系数30,无内热源
25.     }
26.
27.     function SetUpBoundaryCondition( ) {
28.     var bc00 = new BC( 1) , bc01 = new BC( 2) , bc02 = new BC( 3) , bc03 = new BC( 2);
29.     bc00. value = 100; bc01. value = 0; bc02. value = 30; bc02. alpha = -1; bc03. value = 0;
30.     bcList. push( bc00, bc01, bc02, bc03);
31.     }
```

计算结果如图6-5所示。

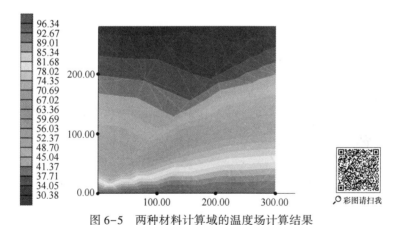

图6-5　两种材料计算域的温度场计算结果

例2：试计算3.3节中例2所示计算域的非稳态温度场，修改6.2节中网格、边界条件和材料，修改非稳态计算流程，添加导出为Tecplot数据格式的函数，代码如下：

代码6-5

```
1.      function SetUpGeometryAndMesh( nx, ny, dx, dy) {
2.      var domains = new CalculationDomains( );
3.
```

```
4.    domains. addPrimaryNode({x:0,y:0});
5.    /*篇幅所限,此处略去代码,请参考 3.3 节算例 2 中给出的代码*/
6.    domains. addPrimarySgmt({type:"Line",P1:2,P2:0,nDivide:8,bc:2});
7.
8.    domains. addDomainDef({sgmts:[0,1],mtrl:0});
9.    domains. addDomainDef({sgmts:[1,2,3],mtrl:1});
10.
11.   var mesh = domains. spawnGrid(1000);
12.
13.   var meshNodes = mesh. nodes;
14.   var meshElems = mesh. elems;
15. //获得单元个数及节点个数
16.   NumNodes = meshNodes. length;
17.   NumElems = meshElems. length;
18. //转换网格单元节点到有限元网格节点
19.   for(var i=0;i<NumNodes;i++)
20.     nodes[i] = new FEMNode(meshNodes[i]. x,meshNodes[i]. y);
21. //转换网格单元到有限元单元
22.   for(var j=0;j<NumElems;j++)
23.     elems[j] = new FEMElem(meshElems[j]. p,meshElems[j]. material,meshElems[j]. bc);
24. }
25.
26.   function ApplyMaterial(material){
27.     var mtrl01 = new FEMaterial(1,1,1,0);
28.     mtrlList. push(mtrl01);//设置材料 1
29.     mtrlList. push({rho:10,Cp:20,lmd:30,qs:0});//设置材料 2
30. }
31.   //设置边界条件
32.   function SetUpBoundaryCondition(){
33.     var bc00 = new BC(1),bc01 = new BC(1),bc02 = new BC(1);
34.     bc00. value = 100;bc01. value = 80;bc02. value = 30;bc02. alpha = -1;
35.     bcList. push(bc00,bc01,bc02);
36. }
37.   //初始化温度场
38.   function Initialize(Tini){for(var j=0;j<NumNodes;j++){nodes[j]. T0 = Tini;}}
39.
40.   function UpdateOld(root,bRHS,solved){
41.     for(var i=0;i<NumNodes;i++){
42.       nodes[i]. T0 = nodes[i]. T;//更新温度场
43.       if(! solved[i])bRHS[i] = 0;//若非第一类边界条件,则将常数项清零
44.     }
45.   }
46.
47.   function Solve(iterCnt,timeStep){
48.     var solved = newArray(NumNodes);
49.     var bRHS = newArray(NumNodes);
50.     var root = newArray(NumNodes);
51.     VectorUtil. ASSIGN(solved,false);
52.     VectorUtil. ASSIGN(bRHS,0);
53.     VectorUtil. SHUFFLE(root,0,100);
54.     //单独处理第一类边界条件
55.     for(var p,bc,value,i=0;i<NumElems;i++){
56.       /*篇幅所限,此处略去,参考 6.2 节*/
```

```
57.        }
58.        //创建稀疏矩阵
59.        mtx. Create( NumNodes,solved) ;
60.        for( var iter=0;iter<iterCnt;iter++) {//循环迭代 iterCnt 次
61.          mtx. Erase( ) ;//矩阵清零
62.
63.          this. UpdateOld( root,bRHS,solved) ;//赋初始值
64.          //系数矩阵整体合成
65.          for( var value,p,i=0;i<NumElems;i++) {
66.            elems[ i]. CalcKMatric( nodes,timeStep) ;
67.            p=elems[ i]. p;
68.            //叠加单元系数矩阵到整体系数矩阵
69.            for( j=0;j<3;j++) {
70.              for( k=0;k<3;k++) {
71.                value=mtx. get( p[ j],p[ k]) ;
72.                value+=elems[ i]. Kmtx[ j][ k] ;
73.                mtx. set( p[ j],p[ k],value) ;
74.              }
75.              if(! solved[ p[ j]])bRHS[ p[ j]]+=elems[ i]. pVec[ j] ;//如果是第一类边界条件则不予处理
76.            }
77.          }
78.          mtx. ShowSparseMatrix( bRHS) ;//调试矩阵求解是否正确
79.          mtx. SolveByCG( bRHS,root,1E-5) ;//求解方程组
80.          //更新温度场
81.          for( var i=0;i<NumNodes;i++) { nodes[ i]. T=root[ i] ;}
82.          this. flowTime+=timeStep;
83.        }
84.        //为 Contour 绘制准备数据
85.        for( var i=0;i<NumNodes;i++) { nodes[ i]. z=nodes[ i]. T;}
86.      }
87.      //导出为 Tecplot 支持的数据格式
88.      function Export2Tecplot( ) {
89.        TraceLog( "infoHolder","TITLE = \" Result By Simulation\"") ;
90.        TraceLog( "infoHolder","VARIABLES = \"X\",\"Y\",\"T\"") ;
91.        TraceLog( " infoHolder"," ZONE T = \" FEM \", N = " + NumNodes +", E = " + NumElems +",
    DATAPACKING=POINT,ZONETYPE=FETRIANGLE") ;
92.        TraceLog( "infoHolder","SOLUTIONTIME = " +this. flowTime) ;
93.        for( var i=0;i<NumNodes;i++)
94.          TraceLog( "infoHolder" ,nodes[ i]. x+" " +nodes[ i]. y+" " +nodes[ i]. T) ;
95.
96.        for( var i=0;i<NumElems;i++)
97.          TraceLog("infoHolder",(elems[i]. p[0]+1)+" "+(elems[i]. p[1]+1)+" "+(elems[i]. p[2]+1));
98.      }
99.
100.    function onSolve( ) {
101.      /* 篇幅所限,此处略去,参考 6.2 节 */
102.      var timeStep=60,iterations=20;//设置时间步长为 1 分钟,迭代次数
103.      /* 篇幅所限,此处略去,参考 6.2 节 */
104.      solution. Solve( iterations,timeStep) ;//求解
105.      /* 篇幅所限,此处略去,参考 6.2 节 */
106.  }
```

时间步长为 1min，迭代 10 次，将计算结果导出为 Tecplot 数据格式[45]：

代码 6-6

```
1.   #文件头部给出计算时间,单元个数,节点个数,数据格式等内容
2.   TITLE = " Results By Simulation"
3.   VARIABLES = " X" , " Y" , " T"
4.   ZONE T = " FEM" , N = 67 , E = 106 , DATAPACKING = POINT , ZONETYPE = FETRIANGLE
5.   SOLUTIONTIME = 600
6.   #列出所有节点信息,共 67 条
7.   0 0 30
8.   7. 341522560362222 46. 352549170508006 100
9.   19. 999999999999996 0 17. 43569448019921
10.  #此处略去其他 67-3-2 = 61 条节点信息,共 67 条
11.  262. 5-37. 5 80
12.  281. 25-18. 75 80
13.  #列出所有单元信息,共 102 条
14.  1 2 3
15.  41 42 43
16.  #此处略去其他 106-2-2 = 102 条单元信息,共 102 条
17.  53 56 59
18.  58 59 60
```

将其导入到 Tecplot，设置显示网格及节点，结果如图 6-6 所示。

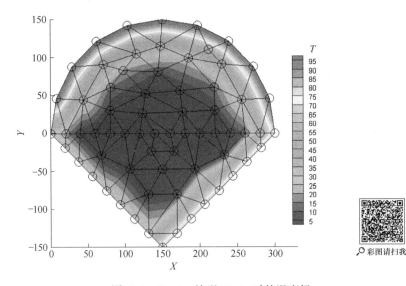

图 6-6　Tecplot 处理 10min 时的温度场

时间步长为 1min，迭代 20 次，即 20min 后的温度场如图 6-7 所示。

图 6-7 中温度场显得"棱角分明"不够光滑，如果我们加密网格：

代码 6-7

```
1.   function SetUpGeometryAndMesh( nx , ny , dx , dy ) {
2.     var domains = new CalculationDomains( ) ;
```

```
3.    …
4.    domains.addPrimarySgmt({type:"Arc",P1:1,P2:0,angle:180,nDivide:25,bc:0}););//由15加密到25
5.    domains.addPrimarySgmt({type:"Line",P1:0,P2:1,nDivide:20,bc:-1});//由10加密到20
6.    domains.addPrimarySgmt({type:"Line",P1:1,P2:2,nDivide:15,bc:1});//由8加密到15
7.    domains.addPrimarySgmt({type:"Line",P1:2,P2:0,nDivide:15,bc:2});//由8加密到15
8.    …
9.    var mesh=domains.spawnGrid(400);//最大三角单元面积由1000减少到400
```

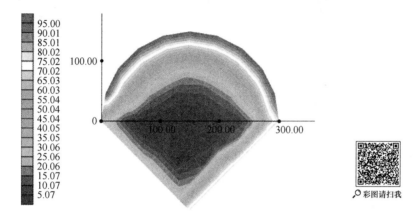

图 6-7　20min 时的瞬态温度场

运行程序，结果显示节点数量由 67 增加到 155，三角单元数量由 106 增加到 253，计算结果如图 6-8 所示，可见温度分布光滑度有所改善。

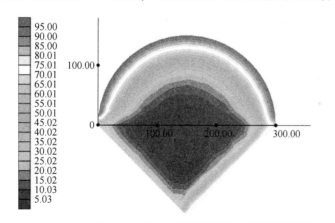

图 6-8　20min 时加密网格后的瞬态温度场

同样调用前述 SortNode 函数对系数矩阵进行带宽操作，如图 6-9 所示。排序前系数矩阵非 0 元素分布较广，带宽较宽；排序后非 0 元素主要集中于主对角附近，带宽有所降低。

将迭代次数提升到 1000 步，比较有否排序步骤对计算时间的影响。需要注意的是，在本书操作环境下，js 程序每次运行时间不同，甚至相差很大。经计算

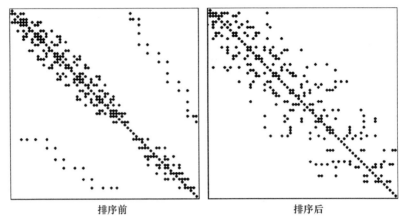

排序前   排序后

图 6-9   一次排序前后系数矩阵非 0 元素分布

排序前运行时间主要集中于 165~170 ms，排序后运行时间集中于 161~165 ms，可见排序操作对运行时间的减少有积极的影响。

6.4   程序改进及展望

若不计网格剖分、方程组求解及后处理的代码，本章中温度场有限元计算核心代码不足 200 行，但也足以计算较复杂的算例，能明晰地体现出基于三角单元的有限元方法求解温度场的流程。

对本章程序稍加改进，即可将功能拓展到支持非线性材料、支持相变材料等功能。同样，可以稍加修改，将本章程序拓展应用到柱坐标系中，请参考文献 [5]，该文献给出了柱坐标和笛卡尔坐标系的统一离散格式。

事实上，本章程序也是对泊松方程的有限元求解，完全可以推广到电势方程、传质扩散方程、无黏性流体势流流动计算等泊松方程的求解。

7 实例与扩展

本章代码

无论是扩散方程求解程序，或计算简单流动方程，抑或共轭梯度法求解方程组，还是基于 Delaunay 算法的网格剖分程序，核心代码总也大多几十行，但是却浓缩了所有的算法在里面。

7.1 js 向 C++ 移植

实际商业的数值模拟软件很多使用 C/C++ 开发，先从移植本书 js 版本的 TDMA 算法到 C++ 版本谈起，说明 C/C++ 程序开发可能用到的问题：

（1）js 向 C++ 程序的移植过程的几点说明。例如，将本书的 TDMA 算法移植到 C++ 版本：

代码 7-1

```
1.  #define idxA(i,j)(i*2+j-2)
2.  #define idxL(i,j)(i+j-2)
3.  #define idxU(i,j)(i-1)
4.  #define idxb(i)(i-1)
5.  #define idxz(i)(i-1)
6.
7.  void Solver::SolveByTDMA(int dim,REAL * A,REAL * b,REAL * root){
8.    int i=0;
9.    REAL * L=new REAL[dim*2-1];REAL * U=new REAL[dim-1];REAL * z=new REAL[dim];
10.
11.   //Step 1
12.   L[idxL(1,1)]=A[idxA(1,1)];
13.   U[idxU(1,2)]=A[idxA(1,2)]/L[idxL(1,1)];
14.   z[idxz(1)]=b[idxb(1)]/L[idxL(1,1)];
15.
16.   //Step 2
17.   for(i=2;i<dim;i++){
18.     L[idxL(i,i-1)]=A[idxA(i,i-1)];
19.     L[idxL(i,i)]=A[idxA(i,i)]-L[idxL(i,i-1)]*U[idxU(i-1,i)];
20.     U[idxU(i,i+1)]=A[idxA(i,i+1)]/L[idxL(i,i)];
21.     z[idxz(i)]=(b[idxb(i)]-L[idxL(i,i-1)]*z[idxz(i-1)])/L[idxL(i,i)];
22.   }
23.
24.   //Step 3,Now i=n
25.   L[idxL(i,i-1)]=A[idxA(i,i-1)];
26.   L[idxL(i,i)]=A[idxA(i,i)]-L[idxL(i,i-1)]*U[idxU(i-1,i)];
27.   z[idxz(i)]=(b[idxb(i)]-L[idxL(i,i-1)]*z[idxz(i-1)])/L[idxL(i,i)];
28.
```

```
29.    //Step 4
30.    root[dim−1]=z[dim−1];
31.
32.    //Step 5
33.    for(i=dim−1;i>0;i−−){
34.      root[i−1]=z[idxz(i)]−U[idxU(i,i+1)]*root[i];
35.    }
36.
37.
38.    delete[]L;delete[]U;delete[]z;
39.    L=NULL;U=NULL;z=NULL;
40.  }
```

js 中数组在 C++中可以使用标准库 stl∷vector 替代，也可以使用动态数组。js 引擎有内存回收机制，申请内存后无需用户干预，由 js 引擎负责回收用不到的内存，C++则不同，如代码中 38~39 行是对第 9 行动态申请的内存使用完毕的释放。如果我们对函数 SolveByTDMA 反复调用了 1 万次，每次内存开销 1MB，操作系统会反复申请内存，释放内存，容易产生内存碎片，造成计算机性能显著降低，所以可以使用内存池技术避免此类问题。为了避免申请内存忘记释放造成内存泄漏，推荐使用 C++智能指针，可以实现内存自动回收。当前计算机处理器普遍支持多线程，若使用多核多线程并行计算可以大大减少计算时间，如 OpenMP 规范[46]等。

方程组求解除了自编程实现，也可以使用 LAPACK 程序包[47]，该程序包提供了高性能可并行运算的线性代数运算库。

（2）js 运行速度加快的方法。HTML5 中 js 已支持多线程，如果 js 程序计算时间长，可以考虑 js 多线程。另外可以将 js 程序使用 node.js 引擎[48]编译，编译后的代码执行效率将会得到大幅提升。

（3）本书程序向 C/C++移植的可行性。js 与 C/C++语言的基础语法相近，移植起来非常方便。

7.2　基于 H5 的简单用户图形界面（GUI）设计

为了使程序有更好的交互性，可以利用 H5 的 form 表单和 CSS 布局设计程序界面。以为 4.1.2 节算例为例，设计简单的界面，在原来界面添加几个数字输入框，如下：

代码 7-2

```
1.    <body>
2.    <divstyle="width:500px;height:auto;float:left;display:inline">
3.    <canvasid="canvasChart" width="500" height="400">
4.    </canvas>
5.    <pid="legend">Legend</p>
6.    </div>
7.    <br/>
```

```
8.        <div>
9.        <formid = "formA" width = "500" height = "400" >
10.       一些设置：<br/>
11.       空间步长：<inputtype = "number" id = "dx" min = "1" max = "1000" step = 1 value = "15"/><br/>
12.       时间步长：<inputtype = "number" id = "timeStep" min = "1" max = "100" step = 0. 01value = "1"/><br/>
13.       迭代次数：
       <inputtype = "number" id = "iterations" min = "1" max = "1000" step = 0. 01value = "120"/><br/>
14.       提交：<inputtype = "button" value = "求解" onclick = "onSolve( )"/>
15.       </form>
16.      </div>
17.   </body>
```

修改 4.1.2 节中的脚本程序，添加 GetInputNumber 函数用于获取客户输入，修改函数 onSolve：

代码 7-3

```
1.    function GetInputNumber( id) {
2.      var numberInput = document. getElementById( id) ;
3.      var v = numberInput. value ;
4.      returnparseInt( v) ;
5.    }
6.
7.    function onSolve( ) {
8.      var nodes = [ ] ;
9.      var solution = new Solution( nodes) ;
10.
11.     var nx = 50 ;
12.     var dx = GetInputNumber( "dx") || 1 ;
13.     solution. SetUpGeometryAndMesh( nx, dx) ;
14.
15.     var lmd = 1 ; var Cp = 1 ; var rho = 1 ;
16.     var steel = new SimpleMaterial( lmd, Cp, rho) ;
17.     solution. ApplyMaterial( steel) ;
18.
19.     var Tini = 0 ; var Tair = 1 ;
20.     solution. Initialize( Tini, Tair) ;
21.
22.     solution. SetUpBoundaryCondition( ) ;
23.
24.     var maxTimeStep = 0. 5 * rho * Cp * dx * dx/lmd ;
25.     var timeStep = GetInputNumber( "timeStep") || maxTimeStep * 0. 9 ;
26.     var iterations = GetInputNumber( "iterations") || 100 ;
27.
28.     solution. Solve( iterations, timeStep) ;
29.
30.     solution. ShowResults( ) ;
31.   }
```

运行结果如图 7-1 所示。

由于 H5 表单控件的多样性和扩展性，可以高效开发用户界面，请参考 HTML5 方面书籍，本书不做详细介绍。

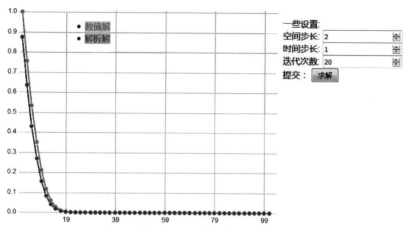

图 7-1　具有简单用户界面的程序示意图

7.3　实例分析

案例：编写一套通用有限元分析软件，包含建模、计算与后处理模块，可实现对二维几何图形计算域内进行传热温度场简单计算。

要求：可移植性好，可扩展性好，较高的计算性能。

7.3.1　需求分析与程序框架

通常大型商用计算流体力学软件使用 C++/Fortran 等编写界面（包含前处理和后处理）及求解器，以提代码执行速度。本章旨在实现一个演示性的简单的有限元软件。

前处理和后处理的界面编程通常使用 GDI/GDI+（Graphics Device Interface）或 OpenGL/direct X 编程，其程序编程或配置都比较复杂，学习成本较高。也可以使用类似 MFC（Microsoft Foundation Classes）等封装好的图形图像界面控件库编写界面，但可移植性不好。本章考虑到 HTML5 的跨平台、Canvas 绘图功能、大量第三方控件及 HTML5 websocket 通信能力，将使用 HTML5 网页作为本节程序的人机交互界面。

数值计算部分作为整个流程最耗时的部分，将使用 C++编写，并将之编译为机器代码，从而缩短计算时间（相对 js 计算时间）。

程序框架如图 7-2 所示，核心是网格剖分与求解器：可以通过 HTML5 图形界面操作网格剖分与求解器，也可以使用命令行通过配置文件（lua 文本）提供的参数调用求解器。

7.3.2　程序实现

本书除前处理 2D 几何计算域图形的编辑、创建没有介绍外，其他算法，诸

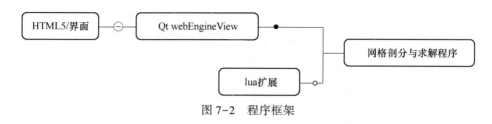

图 7-2 程序框架

如稀疏矩阵方程求解、有限元系数矩阵合成、后处理等已做详细介绍：

（1）前处理之建模图形图像模块使用 HTML5 Canvas 技术创建、编辑和显示几何图形。前处理界面中的菜单栏，状态栏、各控制面板、网格剖分参数、材料属性参数、计算域参数、边界条件等参数的设置界面使用 Extjs/jQuery UI/easy UI 等技术实现。前处理界面与后台使用 websocket 进行通信。运行效果如图 7-3 所示。

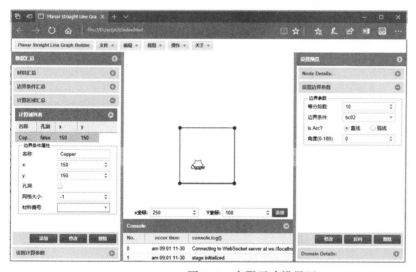

彩图请扫我

图 7-3 有限元建模界面

（2）数值计算程序使用 C++编写并编译为机器代码以提高代码执行效率，同时为了用较快的速度求解大型稀疏方阵方程，使用前述的预处理共轭梯度法求解大型线性方程组。

（3）计算结果的后处理绘制算法，例如 Contour 和矢量图绘制已在前面章节详细讲述。后处理运行效果如图 7-4 所示。

由于求解器程序使用 lua 参数文件进行配置，大大提高了程序的可扩展性；另外，由于 HTML5 界面使用 websocket 与后台通信，故本程序可以实现远程调用计算。

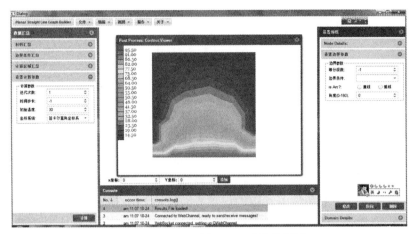

图 7-4　后处理界面

7.3.3　计算验证

此部分略。

7.3.4　程序维护

此部分略。

Visualize Lib. js 源代码
MathLib. js 源代码　　　　　　　☞
DelauanyTrianglate. js 源代码

参 考 文 献

［1］陶文铨. 数值传热学［M］. 北京：高等教育出版社，2001.

［2］Patankar S V. Numerical Heat Transfer and Fluid Flow［M］. Hemisphere Press，1980.

［3］Versteeg H K，Malalasekera W. An Introduction to Computational Fluid Dynamics［M］. New York：Pearson Education Limited，2007.

［4］Anil W Date. Introduction to Computational Fluid Dynamics［M］. Cambridge：Cambridge University Press，2005.

［5］孔祥谦. 有限单元法在传热学中的应用［M］. 北京：科学出版社，1981.

［6］沈颐身. 冶金传输原理基础［M］. 北京：冶金工业出版社，2000.

［7］David Apsley. CFD Lecture Notes［EB/OL］. http：//personalpages. manchester. ac. uk/staff/david. d. apsley/，2016-6-23.

［8］宋小鹏，等. 高炉炉身温度场有限元程序开发尝试［C］. 2014 年第十五届全国大高炉炼铁学术年会论文集，2014.

［9］Song X P，Cheng S S，Cheng Z J. Numerical Computation for Metallurgical Behavior of Primary Inclusion in Compact Strip Production Mold［J］. ISIJ International，2012，52（10）：1823~1830.

［10］Song X P，Cheng S S，Cheng Z J. Mathematical Modeling of Billet Casting with Secondary Cooling Zone Electromagnetic Stirrer［J］. Ironmaking and Steelmaking，2013，40（3）：189~198.

［11］HTML5 Standards［EB/OL］. https：//www. w3. org/html/.

［12］Date. HTML5 Canvas［M］. 2nd Edition. Sebastopol：O'Reilly Media，2013.

［13］Lamothe A. Tricks of the 3D Game Programming Gurus：Advanced 3D Graphics and Rasterization［M］. Sams，2005.

［14］倪光正，杨仕友，等. 工程地磁场数值计算［M］. 北京：机械工业出版社，2004.

［15］Herbert Edelsbrunner. Geometry and Topology for Mesh Generation［M］. Cambridge：Cambridge University Press，2001.

［16］杨钦. 限定 Delaunay 三角网格剖分技术［M］. 北京：电子工业出版社，2005.

［17］http：//local. wasp. uwa. edu. au/~pbourke/papers/triangulate/triangulate. c.

［18］Zachary Forest Johnson［EB/OL］. http：//indiemaps. com/.

［19］William H Press，et al. NumericalRecipes［M］. 3rd Edition. Cambridge：Cambridge Press，2007.

［20］文伟. 用 Visual C 语言实现的 Delaunay 三角剖分算法［J］. 华北电力大学学报，2000，27（4）：54~58.

［21］一款开源网格剖分程序 Gmesh［EB/OL］. http：//gmsh. info/.

［22］一款开源网格剖分程序 Poly2tri［EB/OL］. http：//sites-final. uclouvain. be/mema/Poly2Tri/poly2tri. html.

［23］Richard L Burden，et al. 数值分析［M］. 北京：高等教育出版社，2011.

［24］梁昆淼，等. 数学物理方法［M］. 北京：高等教育出版社，1998.

[25] 沈军，马骏，刘伟强. 一种接触热阻的数值计算方法 [J]. 上海航天，2002，19（4）：36~39.

[26] 顾慰兰. 一种随机表面间接触热阻的计算方法 [J]. 航空动力学报，1995，10（3）：233~236.

[27] 赵宏林，黄玉美，盛伯浩. 接触热阻理论计算模型的探讨 [J]. 制造技术与机床，1999（9）：23~24.

[28] 刘永杰，令锋. 分析对流—扩散方程显格式稳定性的一种方法 [J]. 肇庆学院学报，2009，30（2）：12~15.

[29] 基于 Python 编程语言的数值计算库 scipy [EB/OL]. http：//www. scipy. org/.

[30] 基于 Python 编程语言的符号运算库 sympy [EB/OL]. http：//www. sympy. org.

[31] 杨全，张真. 金属凝固与铸造过程数值模拟 [M]. 杭州：浙江大学出版社，1996.

[32] 张妍. 连铸结晶器内喂钢带工艺凝固过程的热焓法分析 [D]. 沈阳：东北大学，2009.

[33] 孙蓟泉. 连铸及连轧工艺过程中的传热分析 [M]. 北京：冶金工业出版社，2010.

[34] 白云峰，徐达鸣，郭景杰. 采用温度回升法对任意结晶区间的铸件凝固结晶潜热的数值计算 [J]. 金属学报，2003，39（6）：623~629.

[35] 张德良. 计算流体力学教程 [M]. 北京：高等教育出版社，2010.

[36] Fluent Theory Guide 2006.

[37] Fipy Manual, Realase 3. 1 [EB/OL]. www. ctcms. nist. gov/fipy/.

[38] Stephen B Pope. 湍流 [M]. 北京：世界图书出版公司，2010.

[39] Jean Michel Bergheau, Roland Fortunier. Finite element simulation of Heat Transfer [M]. Hoboken：Wiley Inc.，2008.

[40] 孔祥谦. 热应力有限单元法分析 [M] 上海：上海交通大学出版社，1999.

[41] 王秉愚. 有限元法程序设计 [M] 北京：北京理工大学出版社，1991.

[42] Cuthill – McKee 算法 [EB/OL]. https：//en. wikipedia. org/wiki/Cuthill% E2% 80% 93McKee_ algorithm.

[43] 黄志超，包忠诩，周天瑞. 有限元节点编号优化 [J]. 南昌大学学报（理科版），2004，23（3）：25~31.

[44] Philip J S, David H E. 计算机图形学几何工具算法详解 [M]. 周长发，译. 北京：电子工业出版社，2005.

[45] 后处理软件 Tecplot 数据格式手册 [EB/OL]. http：//www. tecplot. com/.

[46] 多核多线程并行计算规范 [EB/OL]. http：//openmp. org/wp/.

[47] LAPACK–Linear Algebra PACKage [EB/OL]. www. netlib. org.

[48] 一个 JavaScript 的运行环境 [EB/OL]. https：//nodejs. org.